T0222746

Mathe übersichtlich: Von den Basics bis zur Analysis

Adriane Gründers

Mathe übersichtlich: Von den Basics bis zur Analysis

180 Themen zum Nachlesen und Verstehen auf jeweils einer Seite

2. Auflage

Adriane Gründers
Heidelberg, Deutschland

ISBN 978-3-662-67183-2   ISBN 978-3-662-67184-9   (eBook)
https://doi.org/10.1007/978-3-662-67184-9

Die Deutsche Nationalbibliothek verzeichnet diese Publikation in der Deutschen Nationalbibliografie; detaillierte bibliografische Daten sind im Internet über https://portal.dnb.de abrufbar.

Planung/Lektorat: Iris Ruhmann
Springer Spektrum ist ein Imprint der eingetragenen Gesellschaft Springer-Verlag GmbH, DE und ist ein Teil von Springer Nature.
Die Anschrift der Gesellschaft ist: Heidelberger Platz 3, 14197 Berlin, Germany

Warum hilft dir dieses Buch?

Für wen habe ich es geschrieben?

Für alle, die nicht gern viel lesen, aber Mathe verstehen wollen oder müssen.

Für alle, die es gern übersichtlich haben.

Für alle, die auf einen Blick das Wesentliche finden wollen.

Für alle, die visuell denken und die gern Videos schauen, für die aber Videos zum Mathelernen nicht immer optimal sind, weil man nicht schnell etwas nachschauen kann.

Was ich dir über Mathe an sich sagen will

Etwas ganz Wichtiges: In der Mathematik passt alles wunderbar zusammen. Das sieht man aber erst mit der Zeit.

Die sogenannten Rechenregeln sind keine von Menschen erfundenen Regeln, die dazu gemacht sind, damit man prüfen kann, ob sie jemand befolgt. Sondern sie ergeben sich, weil sie die einzige Möglichkeit sind, wie man widerspruchsfrei rechnen und Mathematik betreiben kann.

Mathematik ist logisch in dem Sinne, dass sie widerspruchsfrei ist. Sie ist aber nicht in dem Sinne logisch, dass es, um eine Aufgabe zu lösen, in logisch ableitbarer Weise immer einen nächsten Schritt gibt. Man braucht Übung, um zu sehen, welches die nächsten Schritte sind, die einen weiterbringen, und oft genug gibt es mehrere Wege zum Ziel.

Noch etwas: Manche mögen Mathe nicht, weil sie finden, dass man da nicht so kreativ sein kann wie in Deutsch oder Kunst. Dem ist nicht so, man braucht vielleicht nur ein wenig länger, bis man so weit ist. Auch beim Schreiben oder in der Musik muss man erstmal die Sprache bzw. das Instrument lernen, wozu man ebenso ein paar Jahre braucht.

Was ist an dem Buch besonders?

Ich schreibe mit kurzen Sätzen, so wie ich es dir auch mündlich erklären würde.

Ich versuche alles anhand eines einfachsten passenden Beispiels zu erklären.

Ich gehe Schritt für Schritt vor, manches kommt dir vielleicht selbstverständlich vor, aber ich verspreche dir, wenn du alles Schritt für Schritt nachvollziehst, wirst du am Ende sehr viel verstanden haben.

Es ist wirklich wichtig, auch die kleinen Schritte gut zu durchdenken und vollständig zu verstehen. Du hättest nicht so gut lesen gelernt, wenn du nicht erst die einzelnen Buchstaben gelernt hättest.

Jede Seite steht für sich. Links findest du eine kurze Erklärung, rechts ein Beispiel. Mache die PDF-Seite so groß, dass du sie ganz auf dem Bildschirm hast. Wenn du das gedruckte Buch liest, kann es sinnvoll sein, du deckst die gegenüberliegende Seite mit einem Blatt Papier ab, sodass du dich auf eine Seite konzentrieren kannst.

Ich fange ganz am Anfang an, sodass du vorab nichts wissen musst.

Auch wenn du schon etwas weißt, empfehle ich dir, die einfachen Abschnitte zu Beginn zu lesen und zu schauen, ob du alles vollständig verstanden hast, insbesondere auch zu Brüchen und binomischen Formeln. Oft passieren nämlich Fehler bei den Basics, und das muss nicht sein.

Die einzelnen Abschnitte bauen grob aufeinander auf und gehen vom Einfachen zum Schwierigeren. Ich habe mich aber bemüht, dass du die Abschnitte auch einzeln lesen kannst, ganz nach Bedarf.

Ich habe auf Querverweise zwischen den Abschnitten verzichtet, damit du nicht hin und her springen musst. Dafür bringe ich manche Inhalte lieber doppelt.

Manchmal, besonders im Kapitel über Funktionen, verwende ich auch Begriffe und Methoden, die erst später kommen. Du kannst sie überspringen, wenn sie dir nichts sagen.

Ich versuche nichts vom Himmel fallen zu lassen, sondern alles ehrlich zu erklären, und auch manches zu sagen, was du sonst weniger findest, dir aber für das Verständnis helfen wird.

Wenn du nämlich etwas nicht verstanden hast, liegt es oft daran, dass es dir noch niemand so erklärt hat, dass du es verstehen kannst. Und das will ich anders machen.

Ich bin nämlich fest davon überzeugt, dass du den Inhalt dieses Buchs verstehen kannst – und darauf aufbauend noch viel mehr Mathematik, wenn du willst.

Da ich nicht wissen kann, was du genau brauchst oder wissen willst, kann es sein, dass du manches davon hier nicht findest. Du kannst dir aber auf der Basis des Wissens aus diesem Buch alles Weitere problemlos aneignen.

Da ich auch nicht weiß, was für dich das Wichtigste ist, habe ich bewusst keine farbigen Hinterlegungen vorgenommen. Am besten lernst du, wenn du selbst mit einem Textmarker die wichtigsten Stellen kennzeichnest und auch Notizen und weitere Beispiele dazuschreibst.

Manchmal gebe ich zu einem mathematischen Ausdruck direkt darunter eine Erklärung oder schreibe, wie man ihn ausspricht. Es ist gut, wenn du dir die mathematischen Ausdrücke innerlich vorliest.

Am Schluss des Buchs erkläre ich dir als kleinen Ausblick noch die komplexen Zahlen und die schönste Formel der Welt.

Was ist neu in der zweiten Auflage?

Für die zweite Auflage habe ich etliche Optimierungen und Ergänzungen im Detail vorgenommen und einige Inhalte ganz neu aufgenommen, z. B. die wichtigen Begriffe injektiv, surjektiv und bijektiv und die Ungleichung zwischen dem arithmetischen und dem geometrischen Mittel.

Im Ausblick deute ich nun zusätzlich an, worum es in der linearen Algebra und in der Wahrscheinlichkeitsrechnung geht und gehe ein wenig auf die verschiedenen Arten von Unendlichkeit ein. Dies alles sind spannende Themen, zu denen du bei Interesse viele Bücher finden wirst.

Vor allem aber enthält das Buch in der zweiten Auflage zu allen Kapiteln interaktive Multiple-Choice-Aufgaben, durch die du dich in der Flashcards-App oder im Browser spielerisch mit dem Stoff beschäftigen kannst.

Die App kannst du kostenlos herunterladen, den Zugang für die Fragen zum Buch findest du auf Seite 211.

Die Flashcards habe ich in dem gleichen Stil wie das Buch geschrieben: Jede Flashcard fokussiert auf einen wichtigen Punkt und ermöglicht dir festzustellen, ob du den Inhalt verstanden hast.

Falls du eine Aufgabe nicht richtig gelöst hast, zeigt dir die App, was du noch nicht verstanden hast.

Ich wünsche dir viel Spaß und Erfolg mit der Mathematik!

Adriane Gründers

PS: Ich danke Iris Ruhmann, Stella Schmoll und Bianca Alton für die ebenso professionelle wie angenehme verlagsseitige Betreuung der ersten bzw. zweiten Auflage und vielfältige Hinweise im Detail. Sonja gab mir für die erste Auflage wertvolle Hinweise, und Vanille Speer und einige weitere Leser:innen haben mir nach der Lektüre der ersten Auflage zahlreiche Anregungen für die zweite Auflage gesandt. Herzlichen Dank dafür.

Inhaltsverzeichnis

Wie geht's weiter? – Ausblick   195

Grundlagen und Rechnen

In diesen Teil geht es um die vier Grundrechenarten, Addition, Subtraktion, Multiplikation und Division, und darum, wie man mit ganzen Zahlen und Brüchen rechnet.

Ich erkläre auch, warum man Klammern braucht und wie man sie loswerden kann.

Das ist alles eigentlich ganz einfach, aber es ist wichtig, es zu können. Sonst macht man später bei einfachen Dingen Fehler.

Mit den hier behandelten Inhalten kannst du schon einfache Anwendungsaufgaben lösen.

© Der/die Autor(en), exklusiv lizenziert an Springer-Verlag GmbH, DE, ein Teil von
Springer Nature 2023
A. Gründers, *Mathe übersichtlich: Von den Basics bis zur Analysis*,
https://doi.org/10.1007/978-3-662-67184-9_1

Was sind natürliche Zahlen?

Die natürlichen Zahlen sind die Zahlen, die du beim Zählen verwendest. Manchmal nimmt man auch noch die Null zu den natürlichen Zahlen.

$\bullet \; \bullet \; \bullet \; \ldots$
$1, 2, 3, \ldots$

Wenn man alle natürlichen Zahlen gedanklich als Gesamtheit betrachtet, dann bezeichnet man die so entstehende Menge als die Menge der natürlichen Zahlen, abgekürzt als $\mathbb{N}$. Das besondere N zeigt, dass es eine fest definierte Menge ist.

$$\mathbb{N} = \{1, 2, 3, \ldots\}$$

Mengen kennzeichnet man links und rechts mit geschweiften Klammern, dazwischen stehen die Elemente der Menge.

$$M = \{\underbrace{2, 3, 5, 7, 11, 13, 17, 19}\}$$
$\underset{\text{Menge}}{\uparrow}$ Das sind die Elemente.

Wenn ein gewisses Element zu einer Menge gehört, dann schreibt man das mit einem stilisierten kleinen Epsilon ($\in$, griechisches e).

$3 \in \mathbb{N}$

3 ist Element der Menge der natürlichen Zahlen.

Wenn ein Element nicht zu einer Menge gehört, nimmt man ein durchgestrichenes kleines Epsilon.

$4{,}37 \notin \mathbb{N}$

Das oben stillschweigend verwendete Gleichheitszeichen („="") zeigt an, dass das, was links davon steht, gleich ist mit dem rechts davon.

„="" bedeutet Gleichheit von dem, was links davon steht, mit dem, was rechts davon steht.
Es kommt ursprünglich von zwei parallelen Geraden.

Wie funktioniert Addition?

Wenn du zwei Zahlen zusammen-zählst (addierst), zählst du einfach hintereinander. Wenn du erst bis 2 zählst und dann nochmals bis 3, ist dies das Gleiche, wie wenn du einmal bis 5 zählst.

Man schreibt ein Pluszeichen „+".

$$2 + 3 = 5$$

Die Zahlen, die du addierst, heißen Summanden, das Ergebnis Summe.

Summand Summe

Da die Reihenfolge beim Hinterein-anderzählen egal ist, kommt es bei der Addition nicht auf die Reihenfol-ge an: Du kannst die Summanden vertauschen.

$$2 + 3 = 3 + 2$$

Wenn du gar nicht (0-mal) weiter-zählst, ändert sich nichts.

$$5 + 0 = 5$$

Es kommt nicht darauf an, ob du erst zwei Zahlen zusammenzählst und dann eine dritte oder erst die zweite und dritte und dann die erste.

$$\underbrace{(1 + 2)}_{3} + 3 = 1 + \underbrace{(2 + 3)}_{5} = 6$$

Wie funktioniert Subtraktion?

Wenn du rückwärts zählst, ziehst du ab. Wenn du erst bis 5 zählst und dann 2 rückwärts zählst (oder wegnimmst), ist es das Gleiche, wie wenn du bis 3 zählst.

Man schreibt für Abziehen (Subtraktion) ein Minuszeichen „-".

$$5 - 2 = 3$$

Wenn du mehr rückwärts zählst, als du vorwärts gezählt hast, bekommst du eine negative Zahl.

$$2 - 5 = -3$$

Wenn du erst bis 2 zählst und dann 5 wegnimmst, ist es das Gleiche, wie wenn du bis -3 zählst.

Bei der Subtraktion kommt es auf die Reihenfolge an.

$$5 - 2 \neq 2 - 5$$

Eine negative Zahl ist Null minus die entsprechende positive Zahl.

$$-3 = 0 - 3$$

Wenn man zu der Menge der natürlichen Zahlen noch die negativen Zahlen dazu nimmt sowie die Null, erhält man die ganzen Zahlen $\mathbb{Z}$.

$$\mathbb{Z} = \{\ldots, -3, -2, -1, 0, 1, 2, 3, \ldots\}$$

Wenn du mit einer negativen Zahl rechnest, machst du Klammern um sie. Die Klammer kann entfallen, wenn die negative Zahl am Anfang steht.

$$7 + (-5)$$

$$-5 + 7$$

Die Subtraktion ist die Umkehrung der Addition.

$$5 - 3 = 2, \text{ da } 5 = 3 + 2$$

Übersicht: Addition und Subtraktion

Die Buchstaben in den folgenden Übersichten sind Variablen. Du kannst dafür beliebige Zahlen einsetzen, in einer Gleichung gleiche Zahlen für gleiche Buchstaben.

a, b oder c sind Variablen.

Als Term bezeichnet man eine sinnvolle Anordnung von Zahlen, Variablen und Rechensymbolen.

$(a + 5)^2$ ist ein Term.
$+-)b$ ist kein Term.

Du kannst Klammern bei nur plus weglassen.

$$a + (b + c) = (a + b) + c = a + b + c$$

Du kannst bei der Addition die Reihenfolge vertauschen.

$$a + b = b + a$$

Addition von Null ändert nichts.

$$a + 0 = 0 + a = a$$

Subtraktion von b entspricht Addition von $-b$.

$$a - b = a + (-b)$$

Subtraktion des Negativen einer Zahl ist Addition dieser Zahl.

$$a - (-b) = a + b$$

Wie funktioniert Multiplikation?

Die Multiplikation mit natürlichen Zahlen ist eine Abkürzung für mehrfaches Addieren.

$$3 \cdot 5 = \underbrace{5 + 5 + 5}_{\text{3-mal der Summand 5}}$$

Du kannst dir vorstellen, dass du 3-mal 5 Punkte untereinander zeichnest und einfach weiterzählst.

Wenn du also mit 1 multiplizierst, ändert sich die Zahl nicht.

$1 \cdot 17 = 17$

Wenn du mit 0 multiplizierst, ergibt sich immer 0.

$0 \cdot 17 = 0$

Wenn du mit einer negativen Zahl multiplizierst, ergibt sich das Negative von dem, was sich bei Multiplikation der entsprechenden positiven Zahl ergeben hätte.

$(-2) \cdot 3 = -(2 \cdot 3) = -6$

Daher ist eine negative Zahl –1-mal die entsprechende positive Zahl.

$-3 = (-1) \cdot 3$
Diese Darstellung ist oft hilfreich.

Bei der Multiplikation kannst du die Reihenfolge vertauschen: Wenn du 5-mal 3 addierst, ist das Ergebnis das Gleiche, wie wenn du 3-mal 5 addierst.

$3 \cdot 5 = 5 \cdot 3$

Du siehst das daran, dass 3 Linien mit 5 Punkten (oben) dasselbe sind wie 5 Linien mit 3 Punkten (rechts).

Ähnlich kannst du mit einer quaderförmigen Anordnung von Punkten sehen, dass $3 \cdot (5 \cdot 7) = (3 \cdot 5) \cdot 7$ ist.

6

In welcher Reihenfolge addierst und multiplizierst du?

Bei der Addition kommt es nie auf die Reihenfolge an, auch nicht, wenn du negative Zahlen addierst.

$$3 + 5 = 5 + 3$$
$$(-3) + 5 = 5 + (-3) = 5 - 3 = 2$$

Ebensowenig kommt es bei der Multiplikation auf die Reihenfolge an.

$$3 \cdot 5 = 5 \cdot 3 = 15$$
$$(-3) \cdot 5 = 5 \cdot (-3) = -15$$

Um anzugeben, in welcher Reihenfolge man rechnet, wenn verschiedene Rechenarten auftreten, verwendet man Klammern.

Damit man nicht so viele Klammern benötigt, hat man festgelegt, dass Punktrechnung Vorrang vor Strichrechnung hat.

Multiplikation ($\cdot$) und Division (:) haben Vorrang vor Addition (+) und Subtraktion (−).

Hier braucht man also keine Klammern.

$$2 + 3 \cdot 5 = 2 + (3 \cdot 5) = 2 + 15 = 17$$

Wenn man es umgekehrt möchte, also zuerst addieren möchte, muss man Klammern setzen.

$$(2 + 3) \cdot 5 = 5 \cdot 5 = 25$$

Du siehst hier, dass es darauf ankommt, in welcher Reihenfolge man rechnet.

$$2 + (3 \cdot 5) = 17 \neq 25 = (2 + 3) \cdot 5$$

Das Zeichen „$\neq$" bedeutet ungleich, dass also keine Gleichheit gilt.

Wie rechnest du mit Klammern?

Klammern geben die Reihenfolge an, in der man rechnet. Ein in Klammern eingeschlossener Ausdruck ist wie eine abgekapselte Einheit.

$$\ldots (5 + 6) \ldots$$

Berechne dies, bevor du damit weiterrechnest.

Wenn es mehrere Klammern gibt, rechnet man von der innersten Klammer nach außen.

$$2 \cdot (3 + 4 \cdot (5 + 6))$$

1.
2.
3.
4.

Im ersten Schritt rechnet man also die innerste Klammer aus. Hier somit 5 + 6 = 11.

$$= 2 \cdot (3 + 4 \cdot 11)$$

Dann berechnet man den zweitinnersten Term, also 4 · 11 = 44.

$$= 2 \cdot (3 + 44)$$

Und entsprechend geht man weiter von innen nach außen vor.

$$= 2 \cdot 47$$
$$= 94$$

Innerhalb der Klammern oder wenn es keine gibt, rechnet man von links nach rechts.

Bei Klammern, die nicht ineinander geschachtelt sind, ist es egal, in welcher Reihenfolge du sie berechnest.

$$(3 + 5) \cdot (4 - 2) =$$

1.   2.

$$= (3 + 5) \cdot (4 - 2)$$

2.   1.

Wann kannst du eine Klammer einfach weglassen?

Du kannst die Klammer dann weglassen (oder gar nicht erst schreiben), wenn in der Klammer nur noch eine Zahl (oder eine Variable) steht.

$2 \cdot (3 + 5) = 2 \cdot (8) = 2 \cdot 8 = 16$

Achtung aber, wenn die Zahl negativ ist, musst du das Minuszeichen (das ja bedeutet, dass die Zahl mit −1 zu multiplizieren ist) berücksichtigen, womit ein Plus davor zu einem Minus wird.

$4 + (5 - 8) = 4 + (-3) = 4 - 3 = 1$

Weiterhin kannst du die Klammer weglassen, wenn es eine per Konvention (=allgemein übliche Vereinbarung) definierte Reihenfolge gibt, hier Punkt ($\cdot$ oder :) vor Strich (+ oder −).

$2 + (3 \cdot 5) = 2 + 3 \cdot 5 = 2 + 15 = 17$
Klammer kann entfallen wegen Punkt-vor-Strich-Konvention.

Zudem kannst du die Klammer weglassen, wenn es egal ist, in welcher Reihenfolge man rechnet. Das ist nur der Fall, wenn du mehrere Pluszeichen oder Malpunkte hintereinander hast.

$2 + (3 + 5) = (2 + 3) + 5 = 2 + 3 + 5 = 10$
$2 \cdot (3 \cdot 5) = (2 \cdot 3) \cdot 5 = 2 \cdot 3 \cdot 5 = 30$

Achtung: Bei Minuszeichen (oder geteilt durch) darfst du die Klammern nicht weglassen, das Ergebnis hängt von der Reihenfolge ab.

$2 - (3 + 5) = 2 - 8 = -6$, aber
$2 - 3 + 5 = -1 + 5 = 4$, also
$2 - (3 + 5) \neq 2 - 3 + 5$

Auch bei Malpunkten vor geklammerten Plusausdrücken darfst du die Klammern nicht weglassen, auch nicht bei Potenzen (wird noch erklärt).

$2 \cdot (3 + 5) \neq 2 \cdot 3 + 5$
$(2 + 3) \cdot (2 + 3) \neq 2 + 3 \cdot 2 + 3$
$(2 + 3)^2 \neq 2 + 3^2$
$(2 + 3)^2 \neq 2^2 + 3^2$

Wie hilft dir das Distributivgesetz, Klammern loszuwerden?

Das Distributivgesetz kannst du immer anwenden, wenn vor einer Klammer ein Malpunkt steht und in der Klammer Plus oder Minus.

$3 \cdot (2 + 3)$

Das Distributivgesetz sagt: Du kannst, statt erst zu addieren und dann die Summe zu multiplizieren, auch jeden Summanden einzeln multiplizieren und dann die Produkte addieren.

$3 \cdot (2 + 3) = 3 \cdot 2 + 3 \cdot 3$
$3 \cdot 5 = 3 \cdot 2 + 3 \cdot 3$
$15 = 6 + 9$

Das kannst du mithilfe der Veranschaulichung der Multiplikation leicht sehen.

$$\begin{matrix} \bullet\bullet\bullet\bullet\bullet \\ \bullet\bullet\bullet\bullet\bullet \\ \bullet\bullet\bullet\bullet\bullet \end{matrix} = \begin{matrix} \bullet\bullet \\ \bullet\bullet \\ \bullet\bullet \end{matrix} + \begin{matrix} \bullet\bullet\bullet \\ \bullet\bullet\bullet \\ \bullet\bullet\bullet \end{matrix}$$

Wenn du also eine Klammer um eine Summe weghaben möchtest, nimmst du das Distributivgesetz.

$3 \cdot (100 + 3) = 3 \cdot 100 + 3 \cdot 3$
$= 300 + 9 = 309$

Manchmal ist es auch praktisch, das Distributivgesetz zu nutzen, um eine Klammer zu erzeugen, man nennt das ausklammern.

$7 \cdot 99 + 7 \cdot 1 = 7 \cdot (99 + 1)$
$= 7 \cdot 100 = 700$

Ein Minus vor einer Klammer behandelst du wie –1-mal die Klammer.

$2 - (3 + 5) = 2 + (-1) \cdot (3 + 5)$
$= 2 + (-1) \cdot 3 + (-1) \cdot 5 = 2 - 3 - 5$

Analog geht es, wenn auch in der Klammer ein Minus ist, wobei du dann beachten musst, dass Minus mal Minus Plus gibt.

$2 - (3 - 5) = 2 + (-1) \cdot (3 - 5)$
$= 2 + (-1) \cdot 3 + (-1) \cdot (-5) = 2 - 3 + 5$

Achtung: Das Distributivgesetz gilt bei der Multiplikation, aber nicht genauso beim Potenzieren.

$(1 + 1) \cdot 2 = 1 \cdot 2 + 1 \cdot 2$
$\underbrace{(1 + 1)^2}_{2^2 = 4} \neq \underbrace{1^2 + 1^2}_{1+1=2}$

Warum ist Minus mal Minus gleich Plus?

Die einfachste Erklärung ergibt sich, wenn man das Distributivgesetz anwendet, d.h. die Regel, wie Addition und Multiplikation zusammenarbeiten.

Wir wollen das Produkt zweier negativer Zahlen ausrechnen.

$$(-2) \cdot (-3)$$

Wir starten mit einer einfachen Gleichung, in der -3 vorkommt.

$$3 + (-3) = 0$$

Um den gesuchten Ausdruck $(-2) \cdot (-3)$ auszurechnen, müssen wir ihn erst einmal erzeugen. Dazu multiplizieren wir beide Seiten mit -2.

$$(-2) \cdot (3 + (-3)) = (-2) \cdot 0$$

Auf der linken Seite nutzen wir das Distributivgesetz. Auf der rechten Seite beachten wir, dass eine beliebige Zahl mit Null multipliziert wieder Null ergibt.

$$(-2) \cdot 3 + (-2) \cdot (-3) = 0$$

Bei dem ersten Term links nutzen wir, dass eine negative Zahl mit einer positiven multipliziert eine negative Zahl ergibt.

$$-6 + (-2) \cdot (-3) = 0$$

Dann addieren wir auf beiden Seiten die Zahl Sechs und haben das Ergebnis.

$$(-2) \cdot (-3) = +6$$

Es gilt also Minus mal Minus gleich Plus.

Übersicht: Verbindung von Addition und Multiplikation

Du kannst ausmultiplizieren ...

$$a(b + c) = ab + ac$$
$$a(b - c) = ab - ac$$

... oder ausklammern (wie oben, nur rückwärts).

$$ab + ac = a(b + c)$$
$$ab - ac = a(b - c)$$

Bei zwei Klammern musst du jeden Summanden der ersten Klammer mit jedem der zweiten multiplizieren.

$$(a + b)(c + d) =$$
$$a(c + d) + b(c + d) =$$
$$ac + ad + bc + bd$$

Das heißt, du multiplizierst jeden Summanden der ersten Summe mit jedem Summanden der zweiten Summe.

	c	d
a	ac	ad
b	bc	bd

Wichtig ist, dass du auf die Vorzeichen achtest. Wenn zwei Minuszeichen miteinander multipliziert werden, gibt es ein Pluszeichen. Am besten du schreibst die Terme mit einem Minus davor als Terme mit Plus davor um.

$$a - b \cdot (d - e)$$
$$= a + (-b) \cdot d + (-b) \cdot (-e)$$
$$= a - b \cdot d + b \cdot e$$

Die Multiplikation mit –1 dreht das Vorzeichen um.

$$(-1) \cdot a = -a$$
$$(-1) \cdot (-a) = +a = a$$

Ich habe hier statt Zahlen bereits Variablen verwendet.

Wozu brauchst du die Division?

Die Division ist die Umkehrung der Multiplikation. Wenn du wissen willst, wie oft die 5 in die 15 geht, lautet die Antwort 3.

$15 : 5 = 3$
da $3 \cdot 5 = 15$

Für die Division gibt es verschiedene Schreibweisen, den Doppelpunkt, den schrägen Bruchstrich, den Doppelpunkt zusammen mit einem kleinen Bruchstrich oder den horizontalen Bruchstrich.

$15 : 5 = 3$
$15/5 = 3$
$15 \div 5 = 3$
$\dfrac{15}{5} = 3$

Bei den Schreibweisen in einer Zeile muss man Klammern setzen, wenn man durch einen Term, z. B. eine Summe, dividiert.

$15 : (4 + 1) = 3$
$15/(4 + 1) = 3$
$15 \div (4 + 1) = 3$

Bei dem (horizontalen) Bruchstrich ist gewissermaßen der Bruchstrich die Klammer, er überdacht den Term, durch den man dividiert.

$\dfrac{15}{4 + 1} = 3$

Wir verwenden im Folgenden stets den Bruchstrich, das ist am übersichtlichsten.

Jede Zahl geht genau einmal in sich selbst hinein, gibt also dividiert durch sich selbst die Eins.

$\dfrac{5}{5} = 1$, da $1 \cdot 5 = 5$

In jede Zahl geht die Eins so oft hinein, wie die Zahl angibt.

$\dfrac{5}{1} = 5$, da $5 \cdot 1 = 5$

13

Warum kannst du nicht durch Null dividieren?

Die Division durch 0 ist nicht definiert.

Dividiere daher nicht durch 0.

Wenn du dividierst, prüfe, dass der Nenner ungleich 0 ist.

Wenn du eine Zahl durch 0 dividieren könntest, müsste das Ergebnis angeben, womit du die 0 multiplizieren musst, damit du die ursprüngliche Zahl erhältst. Egal, womit du die 0 aber multiplizierst, bekommst du immer die 0 und nicht die ursprüngliche Zahl (z. B. 12).

Diese Überlegung zeigt, dass man allenfalls die 0 durch die 0 dividieren kann. Da kann aber zunächst einmal alles herauskommen, denn $a \cdot 0 = 0$.

Wir kommen später darauf zurück: Man kann $\frac{0}{0}$ nur definieren, wenn beide Nullen durch einen gemeinsamen Grenzwertprozess entstanden sind.

$$\frac{12}{0} = ?$$

Aber: $0 \cdot ? = 0 \neq 12$

$$\frac{0}{0} = ?$$

Ist so nicht berechenbar, nur durch Grenzwertprozesse.

Wozu brauchst du Brüche (rationale Zahlen)?

Wenn eine natürliche Zahl ein ganzzahliges Vielfaches einer anderen natürlichen Zahl ist, so gibt die Division wieder eine natürliche Zahl. Man sagt, die Zahl ist durch die andere teilbar (ohne Rest).

$3 \cdot 5 = 15$

15 ist ein Vielfaches von 5.

$\dfrac{15}{5} = 3$

Wenn du eine natürliche Zahl durch eine andere dividierst, die nicht durch diese teilbar ist, dann ergibt sich keine natürliche Zahl.

15 ist nicht durch 4 teilbar.
2 ist nicht durch 3 teilbar.
4 ist nicht durch 6 teilbar.

Man schreibt die Zahl dann als Bruch (oder auch Dezimalzahl, s. u.).

$\dfrac{15}{4}, \dfrac{2}{3}, \dfrac{4}{6}$

Man bezeichnet die obere Zahl, die man dividiert, als Zähler.

Bei $\dfrac{3}{5}$ ist 3 der Zähler.

Man bezeichnet die untere Zahl, durch die man dividiert, als Nenner.

Bei $\dfrac{3}{5}$ ist 5 der Nenner.

Man kann jeden Bruch schreiben als Zähler multipliziert mit dem Bruch 1 durch Nenner. Diese Umformung kann in beide Richtungen hilfreich sein.

$\dfrac{3}{5} = 3 \cdot \dfrac{1}{5}$

Wenn du 3 Einheiten in 5 Teile aufteilst, ist das so, wie wenn du 1 Einheit in 5 Teile aufteilst und 3 der Teile (=Fünftel) nimmst.

Die Menge aller Brüche nennt man die rationalen Zahlen.

$\mathbb{Q}$ bezeichnet die Menge der rationalen Zahlen, d. h. der Bruchzahlen.

Übrigens nennt man eine Zahl, die nur durch 1 und sich selbst teilbar ist, eine Primzahl. Die 1 nimmt man aus.

2, 3, 5, 7, 11, 13, 17, 19, 23, 29, 31, $\ldots$
sind Primzahlen.

Man kann beweisen, dass man jede natürliche Zahl eindeutig in Primzahlfaktoren zerlegen kann.

$1000 = 2 \cdot 2 \cdot 2 \cdot 5 \cdot 5 \cdot 5$
$2021 = 43 \cdot 47$
$123456789 = 3 \cdot 3 \cdot 3607 \cdot 3803$

Wie erweiterst und kürzt du Brüche?

Du erweiterst einen Bruch, indem du Zähler und Nenner mit derselben Zahl multiplizierst.

$$\frac{2}{3} = \frac{2 \cdot 2}{3 \cdot 2} = \frac{4}{6}$$

Das kannst du einfach verstehen:

Wenn du 2 Einheiten in 3 Teile aufteilst, ist es das Gleiche, wie wenn du die doppelte Anzahl von Einheiten auf die doppelte Anzahl von Teilen aufteilst.

Du kannst dir auch vorstellen, dass du den Bruch mit $1 = \frac{2}{2}$ multiplizierst.

$$\frac{2}{3} = \frac{2}{3} \cdot 1 = \frac{2}{3} \cdot \frac{2}{2} = \frac{4}{6}$$

Du kürzt einen Bruch, indem du Zähler und Nenner durch dieselbe Zahl dividierst.

$$\frac{4}{6} = \frac{4/2}{6/2} = \frac{2}{3}$$

Am einfachsten ist es, wenn du Zähler und Nenner so in Faktoren zerlegst, dass sich im Zähler und Nenner der gleiche Faktor befindet, diesen kannst du dann einfach streichen (kürzen).

$$\frac{4}{6} = \frac{2 \cdot 2}{2 \cdot 3} = \frac{\not{2} \cdot 2}{\not{2} \cdot 3} = \frac{2}{3}$$

Wenn im Zähler nur eine Zahl steht, die du streichen würdest, dann bleibt eine 1 stehen (da Multiplikation mit 1 nichts ändert und ein Bruch einen Zähler braucht).

$$\frac{2}{4} = \frac{1 \cdot 2}{2 \cdot 2} = \frac{1 \cdot \not{2}}{2 \cdot \not{2}} = \frac{1}{2}$$

Wenn im Nenner nur eine Zahl steht, die du streichen würdest, dann bleibt zunächst eine 1 stehen, die du aber weglassen kannst (da die Division mit 1 nichts ändert), der Bruch ist dann zu einer natürlichen Zahl geworden.

$$\frac{4}{2} = \frac{2 \cdot 2}{2 \cdot 1} = \frac{2 \cdot \not{2}}{\not{2} \cdot 1} = \frac{2}{1} = 2$$

Wie addierst und subtrahierst du Brüche?

So, wie du nur Gleiches zusammenzählen kannst, kannst du nur gleiche Teilstücke (gleicher Nenner) zusammenzählen.

Brüche mit gleichem Nenner lassen sich also addieren, indem du 1/Nenner ausklammerst.

Dies bedeutet, dass du die Zähler addierst und den Nenner beibehältst.

Brüche mit verschiedenen Nennern musst du erst auf den gleichen Nenner bringen.

Dazu musst du Zähler und Nenner von einem oder beiden Brüchen so erweitern (d. h. mit einer Zahl multiplizieren), dass die beiden Nenner gleich werden.

Dann kannst du die Brüche addieren, indem du die Zähler addierst und den (gemeinsamen) Nenner beibehältst.

Eventuell kannst du dann den Bruch noch kürzen.

Hier das verbale Beispiel von ganz oben. Du musst hier beide Brüche erweitern, damit die Nenner gleich werden.

2 Siebtel + 3 Siebtel = 5 Siebtel

2 Drittel und 3 Fünftel lassen sich nicht unmittelbar addieren.

$$\frac{2}{7} + \frac{3}{7} = 2 \cdot \frac{1}{7} + 3 \cdot \frac{1}{7} = (2+3) \cdot \frac{1}{7} = \frac{5}{7}$$

$$\frac{2}{7} + \frac{3}{7} = \frac{2+3}{7} = \frac{5}{7}$$

$$\frac{1}{50} + \frac{3}{100} =?$$

$$\frac{1}{50} = \frac{2}{100} \text{ damit gleicher}$$
Nenner wie zweiter Bruch $\frac{3}{100}$

$$\frac{1}{50} + \frac{3}{100} = \frac{2}{100} + \frac{3}{100} = \frac{2+3}{100} = \frac{5}{100}$$

$$\frac{5}{100} = \frac{1 \cdot 5}{20 \cdot 5} = \frac{1 \cdot \cancel{5}}{20 \cdot \cancel{5}} = \frac{1}{20}$$

$$\frac{2}{3} + \frac{3}{5} =?$$

$$\frac{2}{3} = \frac{10}{15} \quad \text{und} \quad \frac{3}{5} = \frac{9}{15}$$

$$\frac{2}{3} + \frac{3}{5} = \frac{10}{15} + \frac{9}{15} = \frac{19}{15}$$

Wie bringst du Brüche auf den gleichen Nenner?

Der gemeinsame Nenner ist das kleinste gemeinsame Vielfache (kgV) der Nenner der Ausgangsbrüche.

4er-Vielfache: 4, 8, 12, 16, ...
6er-Vielfache: 6, 12, 18, 24, ...
Das kleinste gemeinsame Vielfache von 4 und 6 ist also 12.

Wenn du Brüche addierst und dazu auf den gleichen Nenner bringen willst, ist es am elegantesten, wenn du das kleinste gemeinsame Vielfache verwendest.

$$\frac{3}{4} + \frac{5}{6} = \frac{3 \cdot 3}{4 \cdot 3} + \frac{5 \cdot 2}{6 \cdot 2}$$

$$= \frac{9}{12} + \frac{10}{12} = \frac{19}{12}$$

Du kannst aber auch einfach jeden Bruch mit dem Nenner des jeweils anderen Bruchs erweitern.

$$\frac{3}{4} + \frac{5}{6} = \frac{3 \cdot 6}{4 \cdot 6} + \frac{5 \cdot 4}{6 \cdot 4}$$

$$= \frac{18}{24} + \frac{20}{24} = \frac{38}{24}$$

Eventuell musst du den Bruch dann noch kürzen.

$$\frac{3}{4} + \frac{5}{6} = \frac{38}{24} = \frac{19}{12}$$

Wenn du Brüche subtrahierst, geht es genauso.

$$\frac{3}{4} - \frac{5}{6} = \frac{18}{24} - \frac{20}{24} = \frac{-2}{24} = -\frac{1}{12}$$

Wie multiplizierst und dividierst du Brüche?

Du multiplizierst einen Bruch mit einer ganzen Zahl, indem du den Zähler mit der Zahl multiplizierst.

$$\frac{2}{3} \cdot 5 = \frac{2 \cdot 5}{3} = \frac{10}{3}$$

Du dividierst einen Bruch durch eine ganze Zahl, indem du den Nenner mit der Zahl multiplizierst.

$$\frac{2}{3} : 7 = \frac{2}{3} \cdot \frac{1}{7} = \frac{2}{3 \cdot 7} = \frac{2}{21}$$

Du multiplizierst mit einem Bruch, indem du beides machst, also indem du die Zähler multiplizierst und die Nenner multiplizierst.

$$\frac{2}{3} \cdot \frac{5}{7} = \frac{2 \cdot 5}{3 \cdot 7} = \frac{10}{21}$$

Eventuell kannst du kürzen, das machst du am einfachsten, bevor du Zähler und Nenner ausmultiplizierst.

$$\frac{2}{3} \cdot \frac{3}{4} = \frac{2 \cdot \cancel{3}}{\cancel{3} \cdot 4} = \frac{2}{4} = \frac{1}{2}$$

Die Multiplikation mit einer ganzen Zahl ($= \frac{\text{Zahl}}{1}$) ist ein Spezialfall davon.

$$\frac{2}{3} \cdot 5 = \frac{2}{3} \cdot \frac{5}{1} = \frac{2 \cdot 5}{3 \cdot 1} = \frac{10}{3}$$

Du dividierst durch eine Zahl, indem du mit dem Kehrwert der Zahl ($= \frac{1}{\text{Zahl}}$) multiplizierst.

$$5 : 3 = 5/3 = 5 \cdot 1/3 = 5 \cdot \frac{1}{3} = \frac{5}{3}$$

Der Kehrbruch ist der Kehrwert des Bruchs. Du erhältst ihn, indem du Nenner und Zähler vertauschst.

$$1 : \frac{3}{4} = \frac{1}{\frac{3}{4}} = \frac{4}{3}$$

$$1 : 3 = \frac{1}{\frac{3}{1}} = \frac{1}{3}$$

Du dividierst durch einen Bruch, indem du mit dem Kehrbruch multiplizierst.

$$\frac{2}{3} : \frac{3}{4} = \frac{\frac{2}{3}}{\frac{3}{4}} = \frac{2}{3} \cdot \frac{4}{3} = \frac{2 \cdot 4}{3 \cdot 3} = \frac{8}{9}$$

Übersicht: Multiplikation und Division

Du kannst Klammern bei Termen mit nur Malpunkten weglassen.

$$a \cdot (b \cdot c) = (a \cdot b) \cdot c = a \cdot b \cdot c$$

Du kannst bei der Multiplikation die Reihenfolge vertauschen.

$$a \cdot b = b \cdot a$$

Multiplikation mit 1 ändert nichts.

$$a \cdot 1 = 1 \cdot a = a$$

Multiplikation mit 0 macht alles zu 0.

$$a \cdot 0 = 0 \cdot a = 0$$

Division durch b entspricht Multiplikation mit $\frac{1}{b} = 1/b$.

$$a/b = \frac{a}{b} = a \cdot \frac{1}{b} = a \cdot (1/b)$$

Die Division durch 0 ist nicht definiert.

Ein Bruch ist eine Division. Ein Bruch ändert sich nicht, wenn du Zähler und Nenner mit derselben Zahl (ungleich 0) multiplizierst oder durch sie dividierst.

$$\frac{a}{b} = \frac{a}{b} \cdot \frac{c}{c} = \frac{a \cdot c}{b \cdot c}$$

Brüche multiplizierst du, indem du die Zähler miteinander multiplizierst und die Nenner miteinander multiplizierst.

$$\frac{a}{b} \cdot \frac{c}{d} = \frac{a \cdot c}{b \cdot d}$$

Brüche dividierst du, indem du mit dem Kehrbruch (Nenner und Zähler vertauscht) multiplizierst.

$$\frac{a}{b} : \frac{c}{d} = \frac{\frac{a}{b}}{\frac{c}{d}} = \frac{a}{b} \cdot \frac{d}{c} = \frac{a \cdot d}{b \cdot c} = \frac{ad}{bc}$$

Ich habe hier statt Zahlen bereits Variablen verwendet.

Übersicht: Bruchrechnung

Brüche multiplizierst du, indem du die Zähler miteinander multiplizierst und die Nenner miteinander multiplizierst.

$$\frac{a}{b} \cdot \frac{c}{d} = \frac{a \cdot c}{b \cdot d}$$

Brüche dividierst du, indem du mit dem Kehrbruch (Nenner und Zähler vertauscht) multiplizierst.

$$\frac{a}{b} : \frac{c}{d} = \frac{\frac{a}{b}}{\frac{c}{d}} = \frac{a}{b} \cdot \frac{d}{c} = \frac{a \cdot d}{b \cdot c} = \frac{ad}{bc}$$

Brüche mit gleichem Nenner addierst oder subtrahierst du, indem du Zähler addierst oder subtrahierst und den Nenner beibehältst.

$$\frac{a}{c} + \frac{b}{c} = \frac{a + b}{c}$$

$$\frac{a}{c} - \frac{b}{c} = \frac{a - b}{c}$$

Brüche mit verschiedenen Nennern addierst oder subtrahierst du, indem du sie erst gleichnamig machst (also Nenner gleich) und dann die Zähler addierst.

$$\frac{a}{b} + \frac{c}{d} = \frac{ad}{bd} + \frac{bc}{bd} = \frac{ad + bc}{bd}$$

$$\frac{a}{b} - \frac{c}{d} = \frac{ad}{bd} - \frac{bc}{bd} = \frac{ad - bc}{bd}$$

Achtung: Im Gegensatz zur Multiplikation gilt kein Distributivgesetz bei der Division, also kein Distributivgesetz für Nenner in Brüchen.

$$a : (b + c) \neq a : b + a : c$$

$$\frac{a}{b + c} \neq \frac{a}{b} + \frac{a}{c}$$

Für Zähler in Brüchen gilt ein Distributivgesetz, da die Division (: c) einer Multiplikation mit dem Kehrwert ($\cdot \frac{1}{c}$) entspricht.

$$(a + b) : c = a : c + b : c$$

$$\frac{a + b}{c} = \frac{a}{c} + \frac{b}{c}$$

Ich habe hier statt Zahlen bereits Variablen verwendet.

Was sind Dezimalzahlen?

Dezimalzahlen sind Kommazahlen.

234,567

Links vom Komma stehen die Einer, Zehner, Hunderter, Tausender etc. Rechts vom Komma stehen die Zehntel, Hundertstel, Tausendstel etc. Es können auch links und rechts vom Komma Ziffern stehen.

$234,0 = 234 = 2 \cdot 100 + 3 \cdot 10 + 4 \cdot 1$

$0,567 = 5 \cdot 0,1 + 6 \cdot 0,01 + 7 \cdot 0,001$

$234,567 = 2 \cdot 100 + 3 \cdot 10 + 4 \cdot 1 + 5 \cdot 0,1 + 6 \cdot 0,01 + 7 \cdot 0,001$

Man kann Brüche auch als Dezimalzahlen (=Kommazahlen) schreiben.

$\frac{1}{2} = 0,5, \ \frac{1}{4} = 0,25, \ \frac{1}{20} = 0,05$

Manche Brüche haben unendlich viele Ziffern nach dem Komma. Diese wiederholen sich periodisch, man schreibt dies als Strich darüber.

$\frac{1}{3} = 0,3333\ldots$

$\frac{1}{3} = 0,\overline{3} = 0,33\ldots$

$\frac{1}{7} = 0,\overline{142857} = 0,142857142857\ldots$

Wenn du eine abbrechende Dezimalzahl als Bruch darstellen willst, erweitere mit einer Zehnerpotenz.

$0,234 = \dfrac{0,234 \cdot 1000}{1000} = \dfrac{234}{1000} = \dfrac{117}{500}$

Wenn du eine periodische Dezimalzahl als Bruch darstellen willst, geht das, indem du (je nach Periodenlänge) mit 9 oder 99 oder 999 etc. multiplizierst.

$a = 0,234234234\ldots$, daher
$1000a = 234,234234234\ldots$
$- \quad a = \quad 0,234234234\ldots$
$999a = 234$
also $a = \frac{234}{999}$

Es gibt aber auch Dezimalzahlen, bei denen sich die Ziffern nicht periodisch wiederholen oder abbrechen, diese lassen sich nicht als Bruch schreiben.

$0,12345768910111213141516 17\ldots$
$\sqrt{2} = 1,414213562373095\ldots$

Die Menge aller Dezimalzahlen nennt man die reellen Zahlen. Sie sind alle Punkte auf dem Zahlenstrahl.

$\mathbb{R}$ bezeichnet die Menge der reellen Zahlen, d. h. der Dezimalzahlen.

Warum reichen die Bruchzahlen nicht?

Die Dezimalzahlen , die sich nicht als Bruch, also nicht als rationale Zahl schreiben lassen, nennt man irrationale Zahlen.

$$0{,}12345768910111213141516 17\ldots$$
$$\sqrt{2} = 1{,}414213562373095\ldots$$

Du kannst recht einfach verstehen, warum $\sqrt{2}$ eine irrationale Zahl ist, sich also nicht als Bruch schreiben lässt.

Angenommen, $\sqrt{2}$ ließe sich als Bruch schreiben, wir nennen ihn $\frac{p}{q}$.

$$\sqrt{2} = \frac{p}{q}, \quad p, q \in \mathbb{N}$$

Wir zerlegen nun Nenner und Zähler des (angenommenen) Bruchs $\sqrt{2} = \frac{p}{q}$ in eine 2-er Potenz und eine (ungerade) Zahl.

$p = 2^r p'$, wobei p' ungerade ist.
$q = 2^s q'$, wobei q' ungerade ist.
p enthält r-mal den Faktor 2.
q enthält s-mal den Faktor 2.

Wir quadrieren nun die Ursprungsgleichung.

$$\frac{p}{q} = \sqrt{2} \Rightarrow \frac{p^2}{q^2} = 2$$
$$\Rightarrow p^2 = 2q^2$$

In der linken Seite der letzten Gleichung ist $2r$-mal der Faktor 2 enthalten, also eine gerade Anzahl von Malen, aber rechts kommt der Faktor insgesamt eine ungerade Anzahl von Malen vor.

$$\underbrace{2^{2r}}_{\substack{2r\text{-mal} \\ \text{die }2}} \cdot \underbrace{p'^2}_{\text{ungerade}} = \underbrace{2 \cdot 2^{2s}}_{\substack{2s+1\text{-mal} \\ \text{die }2}} \cdot \underbrace{q'^2}_{\text{ungerade}}$$

Links steht die 2 eine gerade Zahl von Malen, rechts eine ungerade Anzahl von Malen.

Eine gerade Zahl kann aber nicht gleich einer ungeraden Zahl sein.

$2r = 2s + 1$
Widerspruch, wenn $r, s \in \mathbb{N}$.

Daher lässt sich $\sqrt{2}$ nicht als Quotient zweier ganzer Zahlen darstellen, ist also irrational.

$\sqrt{2}$ ist irrational.

23

Was sind Unbekannte und Variablen?

Was wir bisher gemacht haben, gilt nicht nur für die Zahlen, die wir verwendet haben, sondern für beliebige Zahlen.

$$2 + 3 = 3 + 2$$
$$17 + 23 = 23 + 17$$

Man schreibt für eine beliebige, aber innerhalb einer Rechnung feste Zahl einen Buchstaben und nennt dies einen Platzhalter (auch Variable).

Platzhalter
$$a, b, c, \ldots x, y, z$$

Rechenregeln und Vorgehensweisen gelten meistens für (unendlich) viele Beispiele, daher formuliert man sie mit Variablen.

$$a + b = b + a$$

Oft nimmt man dafür Kleinbuchstaben vom Anfang des Alphabets.

a, b stehen für beliebige Zahlen, jeweils überall in einer Rechnung für dieselbe.

Wenn es um natürliche Zahlen geht, nimmt man häufig n oder m, bei Indizes oft auch i, j oder k.

$$n \in \mathbb{N}$$
$$i = 1, 2, 3, \ldots$$

Wenn man eine Zahl sucht, bezeichnet man die zunächst unbekannte Zahl (Unbekannte) oft mit Buchstaben am Ende des Alphabets.

Welche Zahl ergibt mit 3 multipliziert und um 5 addiert 12?

Unbekannte Zahl: x

Man schreibt das, was gegeben ist, mithilfe von x auf.

$$3 \cdot x + 5 = 12$$

Wenn man Zahlen mit Variablen multipliziert, lässt man den Malpunkt ($\cdot$) meistens weg.

$$3x + 5 = 12$$

Ebenso, wenn man Variablen miteinander multipliziert.

$$ax + by = 1$$
$$\text{statt } a \cdot x + b \cdot y = 1$$

Wie multiplizierst du aus und wie klammerst du aus?

Das Distributivgesetz sagt, dass wenn du eine Summe multiplizierst, du jeden einzelnen Summanden multiplizieren musst.

$$a(b + c) = ab + ac$$

Wenn der Faktor selbst aus einer Summe besteht, musst du zweimal das Distributivgesetz anwenden.

$$(a + b)(c + d) =$$
$$a(c + d) + b(c + d) =$$
$$ac + ad + bc + bd$$

Das heißt, du multiplizierst jeden Summanden der ersten Summe mit jedem Summanden der zweiten Summe.

	c	d
a	ac	ad
b	bc	bd

Um festzustellen, ob du eine Variable ausklammern kannst, musst du schauen, ob diese in jedem Summanden vorkommt.

$$ab + 5a = a(b + 5)$$
In beiden Summanden kommt a vor, du kannst also a ausklammern.

Am besten du multiplizierst in Gedanken nochmals aus, um zu sehen, ob es stimmt.

$$a \cdot (b + 5) = a \cdot b + a \cdot 5 = ab + 5a$$
Genau wie vorher, es stimmt also.

Oft ist es gut, sich erst einmal für eine Variable zu entscheiden.

$$ab + 3b + 5a + 15 = a(b + 5) + 3b + 15$$
$$= a(b + 5) + 3(b + 5)$$
$$= (a + 3)(b + 5)$$

Manchmal ist es nicht einfach zu sehen, wie du etwas ausklammern kannst.

$$a^3 - b^3 = (a - b)(a^2 + ab + b^2)$$

Wenn du es auf eine Variable reduzierst (indem du durch b^3 dividierst und $x = a/b$ setzt), erhältst du $x^3 - 1$. Du kannst eine Nullstelle erraten ($x = 1$) und dann per Polynomdivision durch $x - 1$ dividieren.

$$
\begin{array}{rl}
(\quad x^3 \qquad\quad -1) : (x - 1) = x^2 + x + 1 \\
\underline{-x^3 + x^2} \\
x^2 \\
\underline{-x^2 + x} \\
x - 1 \\
\underline{-x + 1} \\
0
\end{array}
$$

Wie kannst du Gleichungen umformen?

Wenn du eine Gleichung hast und auf beiden Seiten das Gleiche machst, dann sind beide Seiten nach wie vor gleich.

linke Seite = rechte Seite
<u>links und rechts das Gleiche machen</u>
neue linke Seite = neue rechte Seite

Du kannst auf beiden Seiten eine Zahl addieren.

$5 - 3 = 2 \qquad | + 3$
$5 - 3 + 3 = 2 + 3$
$5 \cancel{-3} \cancel{+3} = 2 + 3$
$5 = 2 + 3$

Du kannst auch auf beiden Seiten eine Zahl subtrahieren.

$5 + 3 = 8 \qquad | - 3$
$5 + 3 - 3 = 8 - 3$
$5 \cancel{+3} \cancel{-3} = 8 - 3$
$5 = 8 - 3$

Beides ist hilfreich, wenn du eine Gleichung nach x auflösen willst.

$x + 3 = 8 \qquad | - 3$
$x + 3 - 3 = 8 - 3$
$x \cancel{+3} \cancel{-3} = 8 - 3$
$x = 8 - 3 = 5$

Du kannst auch beide Seiten mit einer Zahl multiplizieren.

$\frac{15}{3} = 5 \qquad | \cdot 3$
$3 \cdot \frac{15}{3} = 3 \cdot 5$
$15 = 3 \cdot 5$

Wenn du auf beiden Seiten der Gleichung einen Bruch hast, kannst du mit beiden Nennern multiplizieren, also „über Kreuz" multiplizieren.

$\frac{3}{5} = \frac{12}{20}$
$3 \cdot 20 = 12 \cdot 5$

Wenn du mit 0 multiplizierst, kannst du aus einer falschen Gleichung eine richtige machen. Mit 0 multiplizieren ist keine Äquivalenzumformung.

$3 = 5$ ist eine falsche Gleichung
$0 \cdot 3 = 0 \cdot 5$
$0 = 0$ ist eine richtige Gleichung

Du kannst beide Seiten durch eine Zahl dividieren. Diese muss ungleich 0 sein.

$3x = 12 \qquad | : 3$
$\frac{3x}{3} = \frac{12}{3}$
$x = 4$

SN Flashcards

Mit dem Erwerb dieses Buches können Sie kostenlos unsere Flashcard-App „SN Flashcards" mit Fragen zur Wissensüberprüfung und zum Lernen von Buchinhalten nutzen. Für die Nutzung folgen Sie bitte den folgenden Anweisungen:

1. Gehen Sie auf https://flashcards.springernature.com/login
2. Erstellen Sie ein Benutzerkonto, indem Sie Ihre Mailadresse angeben und ein Passwort vergeben.
3. Verwenden Sie den folgenden Link, um Zugang zu Ihrem SN Flashcards Set zu erhalten: https://sn.pub/vm20WC

Sollte der Link fehlen oder nicht funktionieren, senden Sie uns bitte eine E-Mail mit dem Betreff „SN Flashcards" und dem Buchtitel an customerservice@springernature.com

Potenzen, Wurzeln, Logarithmen

Nachdem wir die vier Grundrechenarten verstanden haben, nehmen wir noch das Exponentieren („Hochnehmen" wie etwa 3 hoch 5, 3^5) dazu, das zu Potenzen führt.

So, wie mehrfaches Addieren eine Multiplikation ergibt, ergibt mehrfaches Multiplizieren eine Potenz.

Es gibt hier zwei Umkehrungen: das Wurzelziehen und das Logarithmieren. Das erkläre ich alles ganz genau.

Potenzen liefern für sehr viele Anwendungen wichtige Funktionen: die Potenzfunktion, wenn die Variable unten steht, die Exponentialfunktion, wenn die Variable oben steht.

© Der/die Autor(en), exklusiv lizenziert an Springer-Verlag GmbH, DE, ein Teil von
Springer Nature 2023
A. Gründers, *Mathe übersichtlich: Von den Basics bis zur Analysis*,
https://doi.org/10.1007/978-3-662-67184-9_2

Wozu brauchst du Potenzen?

Das Potenzieren mit natürlichen Zahlen ist eine Abkürzung für mehrfaches Multiplizieren.

$$7^3 = \underbrace{7 \cdot 7 \cdot 7}_{\text{3-mal der Faktor 7}}$$

Die Zahl, die unten steht und mit sich selbst multipliziert wird, heißt Basis; die Zahl, die oben steht und angibt, wie oft man multipliziert, heißt Exponent.

$$7^3 \leftarrow \text{Exponent}$$
$$\uparrow$$
$$\text{Basis}$$

Wenn du erst 3-mal die 7 miteinander multiplizierst und dann nochmals 2-mal, ist es das Gleiche, wie wenn du 5-mal die 7 miteinander multiplizierst.

$$\underbrace{7 \cdot 7 \cdot 7}_{7^3} \cdot \underbrace{7 \cdot 7}_{7^2} = \underbrace{7 \cdot 7 \cdot 7 \cdot 7 \cdot 7}_{7^5}$$
$$7^3 \cdot 7^2 = 7^5$$

Das gilt auch allgemein.

$$a^n \cdot a^m = a^{n+m}$$

Wenn du 0-mal zusätzlich multiplizierst, ändert sich nichts, d. h. wenn du 0-mal die 7 miteinander multiplizierst, ist es das Gleiche, wie wenn du mit 1 multiplizierst.

$$7^3 \cdot 7^0 = 7^{3+0} = 7^3$$
$$7^0 = 1$$

Dies gilt allgemein: Eine beliebige Zahl hoch 0 ist gleich 1 (sofern die Zahl nicht die Null war).

$$a^0 = 1$$

Wenn du erst 5-mal die 7 miteinander multiplizierst und dann zweimal durch 7 dividierst, ist es das Gleiche, wie wenn du nur 3-mal die 7 miteinander multiplizierst.

$$\frac{7^5}{7^2} = \frac{7 \cdot 7 \cdot 7 \cdot \cancel{7} \cdot \cancel{7}}{\cancel{7} \cdot \cancel{7}} = 7^3$$

Das gilt allgemein.

$$\frac{a^n}{a^m} = a^{n-m}$$

Es gilt auch für $n = m$.

$$\frac{a^n}{a^n} = a^{n-n} = a^0 = 1$$

Was bedeuten negative Exponenten?

Wenn eine negative Zahl im Exponenten steht, ist es das Gleiche, wie wenn du den Kehrwert der Potenz mit positivem Exponenten berechnest.

$$a^{-n} = a^{0-n} = \frac{a^0}{a^n} = \frac{1}{a^n}$$

Insbesondere ist a^{-1} nur eine andere Schreibweise für $\frac{1}{a}$.

$$a^{-1} = \frac{1}{a}$$

Wenn du eine Potenz nochmals mit einer Potenz versiehst, musst du die Exponenten multiplizieren.

$$(a^b)^c = a^{bc}$$

Das kannst du verstehen, wenn du dir überlegst, dass Potenzieren eine Abkürzung für mehrfaches Multiplizieren ist.

$$(2^3)^2 = \underbrace{\underbrace{(2 \cdot 2 \cdot 2)}_{2^3} \cdot \underbrace{(2 \cdot 2 \cdot 2)}_{2^3}}_{(2^3)^2}$$

Du musst hier auf die Klammern achten.

$$(2^3)^2 = 2^3 \cdot 2^3 = 2^6$$

$$\text{aber } 2^{3^2} = 2^{3 \cdot 3} = 2^9$$

Wie quadriert man Klammern?

Wenn du eine Summe quadrierst, erhältst du zwei gleiche Terme, die du zusammenfassen kannst.

$$(a + b)^2 = (a + b)(a + b) =$$
$$= a^2 \underbrace{+ ab + ba}_{} + b^2 =$$
$$= a^2 + 2ab + b^2$$

Wenn du eine Differenz quadrierst, geht es ganz analog. Beachte, dass $(-b)(-b) = (-b)^2 = b^2$ ist.

$$(a - b)^2 = (a - b)(a - b) =$$
$$= a(a - b) - b(a - b) =$$
$$= a^2 \underbrace{- ab - ba}_{} + (-b)^2 =$$
$$= a^2 - 2ab + b^2$$

Wenn du $(a + b)(a - b)$ berechnest, hebt sich $-ab$ mit $+ba$ auf.

$$(a + b)(a - b) = a(a - b) + b(a - b) =$$
$$= a^2 - ab + ba + b(-b) =$$
$$= a^2 - b^2$$

Du kannst dir das auch einfach als die drei binomischen Formeln merken.

$$(a + b)^2 = a^2 + 2ab + b^2$$
$$(a - b)^2 = a^2 - 2ab + b^2$$
$$(a + b)(a - b) = a^2 - b^2$$

Wichtig ist, dass du bei der ersten und zweiten binomischen Formel den mittleren Term nicht vergisst, das Vorzeichen ist das gleiche wie das in der Klammer. Vor b^2 steht in beiden Fällen ein Plus.

$$(a + b)^2 = a^2 + 2ab + b^2$$
$$(a - b)^2 = a^2 - 2ab + b^2$$

↑   ↑
hier immer
minus plus

Bei der dritten binomischen Formel steht kein gemischter Term, dafür vor b^2 ein Minus.

$$(a + b)(a - b) = a^2 - b^2$$

↑
minus

Die binomischen Formeln sind manchmal auch beim Rechnen mit Zahlen hilfreich.

$$31 \cdot 29 = (30 + 1) \cdot (30 - 1) =$$
$$= 30^2 - 1 = 900 - 1 = 899$$

$$1,01^2 =$$
$$= 1^2 + 2 \cdot 1 \cdot 0,01 + 0,01^2 = 1,0201$$

Wozu brauchst du die Wurzel und wie rechnest du damit?

Wenn du ein Quadrat hast und willst die Basis berechnen, brauchst du die Quadratwurzel (auch schlicht Wurzel genannt).

$$3^2 = 9, 3 = \sqrt{9}$$
$$x^2 = a, x = \sqrt{a}$$

Die Quadratwurzel entspricht dem, dass du hoch $\frac{1}{2}$ rechnest, hoch $\frac{1}{2}$ mal hoch $\frac{1}{2}$ gibt hoch $\frac{1}{2} + \frac{1}{2}$, also hoch 1. Daher gibt die Wurzel mit sich selbst multipliziert die ursprüngliche Zahl.

$$\sqrt{a} = a^{\frac{1}{2}},$$
$$\text{denn } \sqrt{a} \cdot \sqrt{a} =$$
$$= a^{\frac{1}{2}} \cdot a^{\frac{1}{2}} = a^{\frac{1}{2}+\frac{1}{2}} = a^1 = a.$$

Wenn du eine dritte Potenz hast und willst die Basis berechnen, brauchst du die dritte Wurzel.

$$3^3 = 27, \quad 3 = \sqrt[3]{27}$$
$$x^3 = a, \quad x = \sqrt[3]{a}$$

Wenn du eine n-te Potenz hast, brauchst du die n-te Wurzel.

$$x^n = a, x = \sqrt[n]{a}$$

Mit Wurzeln kannst du nach den Potenzgesetzen rechnen, du musst die Wurzel nur als Potenz umschreiben.

$$\sqrt{a} = a^{\frac{1}{2}}, \sqrt[n]{a} = a^{\frac{1}{n}}$$

Wenn du eine Wurzel potenzierst oder von einer Potenz die Wurzel nimmst, ergibt sich als Exponent ein Bruch.

$$(\sqrt[m]{a})^n = (a^{\frac{1}{m}})^n = a^{\frac{n}{m}}$$
$$\sqrt[m]{a^n} = (a^n)^{\frac{1}{m}} = a^{\frac{n}{m}}$$

Eventuell kannst du kürzen, und es bleibt nur eine Wurzel oder nur eine Potenz.

$$(\sqrt[4]{a})^2 = a^{\frac{2}{4}} = a^{\frac{1}{2}} = \sqrt{a}$$
$$(\sqrt{a})^4 = a^{\frac{4}{2}} = a^2$$
$$\sqrt[4]{a^2} = a^{\frac{2}{4}} = a^{\frac{1}{2}} = \sqrt{a}$$
$$\sqrt{a^4} = a^{\frac{4}{2}} = a^2$$

Achtung: Wenn du eine Summe unter der Wurzel hast, darfst du nicht einzeln die Wurzel ziehen.

$$\sqrt{3^2 + 4^2} \neq 3 + 4$$
$$\sqrt{25} = 5 \neq 7$$

Was ist der Betrag einer Zahl?

Der Betrag einer Zahl ist stets positiv, er gibt den Abstand der Zahl zur Zahl 0 an.

$$|-2|=2 \qquad |2|=2$$

Der Betrag ist gewissermaßen die Zahl ohne ihr Vorzeichen, d. h. wenn die Zahl positiv ist, ist der Betrag einfach die Zahl, wenn die Zahl negativ ist, ist er das Negative der Zahl.

$$|a| = \begin{cases} a & \text{für} \quad a \geq 0 \\ -a & \text{für} \quad a < 0 \end{cases}$$

$$|2| = 2$$
$$|-2| = -(-2) = 2$$

Da die Wurzel als positiv definiert ist, ist der Betrag einer Zahl die Wurzel aus dem Quadrat dieser Zahl.

$$|a| = \sqrt{a^2}$$

Die Menge aller Zahlen, deren Betrag kleiner als eine positive Zahl ist, ist ein um 0 symmetrisches Intervall.

$$(-2, 2) = \{x| -2 < x < 2\} = \{x| |x| < 2\}$$

Analoges gilt auch für alle Zahlen, die von einer Zahl x_0 einen Abstand von kleiner ε haben.

$$(x - \varepsilon, x + \varepsilon) = \{x| x_0 - \varepsilon < x < x_0 + \varepsilon\}$$
$$= \{x| |x - x_0| < \varepsilon\}$$

Man nennt dies die Epsilon-Umgebung von x_0.

$$U_\varepsilon(x_0) = \{x| |x - x_0| < \varepsilon\}$$

Der Betrag einer Summe ist höchstens so groß wie die Summe der Beträge. Das Gleichheitszeichen gilt, wenn a und b dasselbe Vorzeichen haben.

$$|a + b| \leq |a| + |b|$$

Der Betrag einer Summe ist mindestens so groß wie der Betrag der Differenz der Beträge.

$$\big||a| - |b|\big| \leq |a + b|$$

Wozu brauchst du Logarithmen?

Wenn du z. B. eine Zehnerpotenz hast und willst den Exponenten berechnen, brauchst du den Zehnerlogarithmus ($\log_{10}$ oder schlicht log).

$\log(10^1) = \log(10) = 1$
$\log(10^2) = \log(100) = 2$
$\log(10^3) = \log(1000) = 3$

Der Zehnerlogarithmus zählt gewissermaßen die Anzahl der Nullen nach der 1.

$\log(10) = 1$
$\log(100) = 2$
$\log(1000) = 3$

Das funktioniert ganz analog für negative Zehnerpotenzen.

$\log(10^{-1}) = \log(0{,}1) = -1$
$\log(10^{-2}) = \log(0{,}01) = -2$
$\log(10^{-3}) = \log(0{,}001) = -3$

Der Logarithmus von 1 ist 0.

$\log(1) = 0$, da $10^0 = 1$

Er ist aber auch für alle anderen positiven Zahlen definiert. Um den Zehnerlogarithmus von 2 zu finden, suchen wir eine Zahl $x = \log(2)$, sodass $10^x = 10^{\log(2)} = 2$.

$10^{\log(2)} = 2$
$10^0 = 1 < 2$
$10^1 = 10 > 2$
$\Rightarrow 0 < \log(2) < 1$

Wir können verschiedene Zahlen ausprobieren und x so einschachteln.

$10^{0{,}25} = \sqrt[4]{10} \approx 1{,}78 < 2$
$10^{0{,}33\cdots} = \sqrt[3]{10} \approx 2{,}15 > 2$
$\Rightarrow 0{,}25 < \log(2) < 0{,}33\ldots$

Man kann auf diese Weise $\log(2)$ beliebig genau bestimmen.

$10^{0{,}30102} \approx 1{,}999954$
$10^{0{,}30103} \approx 2{,}00000002$
$\Rightarrow \log(2) = 0{,}30102\ldots$

Was ist ein Logarithmus zu einer anderen Basis als 10?

Wenn du eine Zweierpotenz hast und den Exponenten bestimmen willst, brauchst du den Zweierlogarithmus $\log_2$.

$$\log_2(2) = \log_2(2^1) = 1$$
$$\log_2(4) = \log_2(2^2) = 2$$
$$\log_2(8) = \log_2(2^3) = 3$$

Du kannst die verschiedenen Logarithmen einfach ineinander umrechnen, du musst dafür $\log(a^b) = b \log(a)$ kennen.

$$2^x = c \quad | \text{ Logarithmieren}$$
$$x \log(2) = \log(c) \quad | : \log(2)$$
$$x = \frac{\log(c)}{\log(2)}$$

Andererseits: $x = \log_2(c)$.

Daher $\log_2(c) = \frac{\log(c)}{\log(2)}$.

Daher brauchst du eigentlich nur einen Logarithmus. In der Analysis ist der Logarithmus zur Basis $e = 2{,}71828\ldots$ am praktischsten, da die Ableitung $\frac{1}{x}$ ergibt.

$$\log_e(x) = \frac{\log(x)}{\log(e)}$$

Man bezeichnet ihn als den natürlichen Logarithmus $\ln(x)$.

$$\ln(x) = \log_e(x)$$

Was bedeutet es, dass man Logarithmus als log schreibt und nicht als Rechenzeichen?

Wir sehen hier zum ersten Mal, dass eine Funktion nicht durch Rechenzeichen ausgedrückt wird, wie z. B. die Wurzel, sondern durch einen abgekürzten Begriff, log für Logarithmus.

log(2): Logarithmus von 2

In Programmiersprachen schreibt man auch die Wurzel als abgekürzten Begriff, sqrt für „square root".

$\sqrt{2}$ = sqrt(2): Wurzel von 2

Übrigens ist das Wurzelzeichen aus r für radix (lateinisch für Wurzel) entstanden, der rechte Bogen des r ist zum Dach der Wurzel geworden.

Später werden wir noch viele Funktionen kennenlernen, die man so schreibt.

$\sin(45°)$ für Sinus von $45°$
$\exp(x)$ für e^x

Um deutlich zu machen, dass die Funktion auf das Argument wirkt, und nicht etwa eine Variable ist, schreibt man eine Klammer. Damit ist auch klar, dass man erst die Funktion ausrechnen muss, bevor man weiterrechnet.

log(2)
↑
Argument

Manchmal wird die Klammer weggelassen. Das ist aber nicht zu empfehlen.

Manche schreiben
log 2 statt log(2)
$\sin 45°$ statt $\sin(45°)$.

Wie rechnest du mit Logarithmen?

Aus den Potenzgesetzen ergeben sich direkt die Logarithmengesetze. Wenn du zwei Zahlen multiplizierst, musst du die Logarithmen addieren.

$$a \cdot b = 10^{\log(a)} \cdot 10^{\log(b)}$$
$$a \cdot b = 10^{\log(a)+\log(b)}$$
$$\Rightarrow \log(a \cdot b) = \log(a) + \log(b)$$

Wenn du eine Zahl mit einem Exponenten potenzierst, musst du den Logarithmus der Zahl damit multiplizieren.

$$a^b = (10^{\log(a)})^b$$
$$a^b = 10^{b \cdot \log(a)}$$
$$\Rightarrow \log(a^b) = b \cdot \log(a)$$

Beim Potenzieren wird „plus" zu „mal", „minus" zu „geteilt durch" und „mal" zu „hoch".

$$2^{3+5} = 2^3 \cdot 2^5$$
$$2^{3-5} = 2^3/2^5$$
$$2^{3 \cdot 5} = (2^3)^5$$

Beim Logarithmieren ist es umgekehrt: Aus „mal" wird „plus", aus „geteilt durch" wird „minus", aus „hoch" wird „mal".

$$\log(6) = \log(2 \cdot 3) = \log(2) + \log(3)$$
$$\log(\tfrac{2}{3}) = \log(2/3) = \log(2) - \log(3)$$
$$\log(8) = \log(2^3) = 3 \cdot \log(2)$$

Um eine Gleichung mit der Unbekannten im Exponenten aufzulösen, musst du beide Seiten logarithmieren, dann steht die Unbekannte unten und du kannst mit den Grundrechenarten danach auflösen.

$$3^x = 9$$
$$x \log(3) = \log(9)$$
$$x = \frac{\log(9)}{\log(3)} = 2$$

Du kannst die verschiedenen Logarithmen einfach ineinander umrechnen.

$$b^x = c \quad (*)$$
nach der Definition von $\log_b$:
$$x = \log_b(c)$$

Logarithmieren von $(*)$:
$$x \log(b) = \log(c)$$
$$\Rightarrow \log_b(c) = \frac{\log(c)}{\log(b)}$$

Warum gibt es bei Potenzen zwei Umkehrungen?

Hast du dich gefragt, warum man bei der Multiplikation nur eine Umkehrung hat (die Division), aber bei Potenzen zwei, nämlich Wurzeln und Logarithmus?

Dies liegt daran, dass bei der Multiplikation die beiden Faktoren gleichberechtigt sind, während bei einer Potenz die Basis und der Exponent etwas ganz anderes sind.

Daher braucht man eine Umkehrung (Wurzel), um die Basis zu berechnen, und eine Umkehrung (Logarithmus), um den Exponenten zu berechnen.

Jede der beiden Umkehrungen hat als Parameter die andere Zahl.

$3^4 = 3 \cdot 3 \cdot 3 \cdot 3 = 81$
$4^3 = 4 \cdot 4 \cdot 4 = 64 \neq 81 = 3^4$

$3 \cdot 4 = 4 + 4 + 4 = 12$
$4 \cdot 3 = 3 + 3 + 3 + 3 = 12 = 12 = 3 \cdot 4$

$3^4 = 81$
$\sqrt[4]{81} = 3$ (Auflösen nach Basis)
$\log_3(81) = 4$ (Auflösen nach Expon.)

vierte Wurzel: $\sqrt[4]{\dots}$
Logarithmus zur Basis drei: $\log_3(\dots)$

Übersicht: Potenzen, Wurzeln, Logarithmen

Die drei binomischen Formeln helfen dir beim Quadrieren und Ausmultiplizieren von Klammern.

$$(a + b)^2 = a^2 + 2ab + b^2$$
$$(a - b)^2 = a^2 - 2ab + b^2$$
$$(a + b)(a - b) = a^2 - b^2$$

Potenzen mit gleicher Basis multipliziert man, indem man die Exponenten addiert.

$$a^n \cdot a^m = a^{n+m}$$

Potenzen mit gleicher Basis dividiert man, indem man die Exponenten subtrahiert.

$$\frac{a^n}{a^m} = a^{n-m}$$

Mit 1 zu multiplizieren ändert ebensowenig etwas wie 0 zu addieren. Daher ist $a^0 = 1$.

$$a^0 = 1$$

Potenzieren mit –1 entspricht 1 dividiert durch die Basis bzw. der Potenz mit positivem Exponenten.

$$a^{-1} = \frac{1}{a}, \quad a^{-n} = \frac{1}{a^n}$$

Potenzen potenzierst du, indem du die Exponenten multiplizierst.

$$(a^b)^c = a^{bc}$$

Die n-te Wurzel entspricht hoch $1/n$.

$$\sqrt[n]{a} = a^{1/n}$$

Der Logarithmus von einem Produkt ist die Summe der Logarithmen.

$$\log(a \cdot b) = \log(a) + \log(b)$$

Der Logarithmus von einem Quotienten ist die Differenz der Logarithmen.

$$\log\left(\frac{a}{b}\right) = \log(a) - \log(b)$$

Der Logarithmus von einer Potenz ist der Exponent mal dem Logarithmus.

$$\log(a^n) = n \log(a)$$

Etwas Aussagenlogik und Mengenlehre

Ganz entscheidend ist in der Mathematik, ob eine Gleichung oder allgemeiner eine Aussage wahr oder falsch ist.

Man kann den Wahrheitsgehalt aus Grundannahmen ableiten, bei komplizierten Aussagen sagt man beweisen.

Im Folgenden lernst du, wie man mit „wahr" und „falsch" rechnen kann und was es bedeutet, wenn Umformungen den Wahrheitsgehalt nicht ändern.

Oft hängen Gleichungen von Variablen ab. Sie sind für gewisse Werte der Variablen wahr, für die anderen falsch.

Die Werte, für die sie wahr sind, bilden die Lösungsmenge der Gleichung.

Du erfährst, wie du mit Mengen rechnen kannst und wie das mit den Rechenoperationen der Wahrheitswerte zusammenhängt.

Zum Schluss kannst du anhand eines einfachen Beispiels verschiedene Beweismethoden kennenlernen.

© Der/die Autor(en), exklusiv lizenziert an Springer-Verlag GmbH, DE, ein Teil von Springer Nature 2023
A. Gründers, *Mathe übersichtlich: Von den Basics bis zur Analysis*, https://doi.org/10.1007/978-3-662-67184-9_3

Wie rechnest du mit „wahr" und „falsch"?

Mathematische Aussagen können wahr oder falsch sein. Statt wahr kann man auch richtig sagen.

$3 + 2 = 5$ ist wahr.
$4 > 6$ ist falsch.

Man kann das auch als Gleichung schreiben.

$A = \text{„}3 + 2 = 5\text{"} = w$
$B = \text{„}4 > 6\text{"} = f$

Wenn man eine Aussage A verneint, schreibt man $\overline{A}$ („nicht A"). Sie ist dann wahr, wenn A falsch ist, und falsch, wenn A wahr ist.

A	$\overline{A}$
w	f
f	w

$\overline{A} = \text{„}3 + 2 \neq 5\text{"} = f$

Man kann Aussagen kombinieren und führt dafür Symbole als Abkürzungen ein.

$C = A \wedge B$
$D = A \vee B$

A und B schreibt man als $A \wedge B$. Diese Aussage ist nur wahr, wenn sowohl A also auch B wahr sind; sonst ist sie falsch.

A	B	$A \wedge B$
w	w	w
w	f	f
f	w	f
f	f	f

$\text{„}3 + 2 = 5\text{"} \wedge \text{„}4 > 6\text{"} = f$

A oder B schreibt man als $A \vee B$. Diese Aussage ist wahr, wenn entweder A oder B wahr ist oder beide wahr sind; sonst ist sie falsch.

A	B	$A \vee B$
w	w	w
w	f	w
f	w	w
f	f	f

$\text{„}3 + 2 = 5\text{"} \vee \text{„}4 > 6\text{"} = w$

Was bedeutet „aus A folgt B"?

Wenn eine Aussage von einer Variablen abhängt, nennt man sie Aussageform, oft aber auch nur Aussage.

$A(x) = $ „$2x + 1 = 3$"

Eine Aussageform $A(x)$ ist im Allgemeinen für manche x wahr und für alle anderen x falsch.

$A(x)$ ist wahr für $x = 1$,
für alle anderen x falsch.

In der Mathematik will man oft aus Aussagen andere Aussagen folgern.

Man will aus $A(x)$ oben eine Aussage der Form „$x = \ldots$" folgern.

Für die Aussage „aus A folgt B" schreibt man $A \Rightarrow B$. Sie ist falsch, wenn A wahr ist und B falsch. Sonst ist sie immer wahr.

A	B	$A \Rightarrow B$
w	w	w
w	f	f
f	w	w
f	f	w

Es ist vielleicht ungewohnt, dass „$f \Rightarrow w$" wahr ist, also wenn aus etwas Falschem etwas Richtiges folgt, diese Gesamtaussage richtig sein soll.

Du kannst dir das so merken, dass „$A \Rightarrow B$" angibt, ob allein durch die Folgerung etwas Falsches entsteht. Und das ist nicht der Fall, wenn A schon falsch ist.

Es kann nur etwas Falsches entstehen, wenn A richtig ist (und B falsch).

$A \Rightarrow B$ ist nur falsch,
wenn A wahr ist und B falsch.

Was bedeutet „notwendig" und „hinreichend"?

Als Beispiel betrachten wir die Multiplikation von natürlichen Zahlen und wie sie sich bei geraden und ungeraden Zahlen verhält.

n	m	$n \cdot m$	Beispiel
g	g	g	$4 \cdot 4 = 16$
g	u	g	$4 \cdot 3 = 12$
u	g	g	$3 \cdot 4 = 12$
u	u	u	$3 \cdot 3 = 9$

Wir bezeichnen
A = „erster Faktor ist gerade" und
B = „Produkt ist gerade".

A	B
w	w
f	w/f

Dann folgt aus der Aussage A die Aussage B.

Das Produkt einer geraden Zahl mit einer anderen natürlichen Zahl ist immer gerade. Es gilt:
n ist gerade $\Rightarrow n \cdot m$ ist gerade.

Aber aus der Aussage B folgt nicht die Aussage A.

Das Produkt kann auch gerade sein, wenn der erste Faktor nicht gerade ist. Es gilt nicht:
$n \cdot m$ ist gerade $\Rightarrow n$ ist gerade.
$3 \cdot 4$ ist gerade, 3 ist nicht gerade.

Man nennt A hinreichend für B. Man könnte auch sagen „ausreichend", da, wenn A gilt, dies ausreicht, dass B gilt. Es hat sich aber die Sprechweise „hinreichend" etabliert.

Es reicht aus, dass der erste Faktor gerade ist, damit das Produkt gerade ist.
Es ist schon alleine hinreichend, dass der erste Faktor gerade ist.

A ist aber nicht notwendig.

Das Produkt kann auch gerade sein, ohne dass der erste Faktor es ist.

B aber ist notwendig für A.

Wenn das Produkt nicht gerade ist, kann auch der erste Faktor nicht gerade sein, daher ist die Gültigkeit von B notwendig für die Gültigkeit von A.

Was bedeutet „genau dann, wenn"?

Es ist ganz wichtig, zwischen $A \Rightarrow B$ und $B \Rightarrow A$ zu unterscheiden.

Wenn $A \Rightarrow B$ und $B \Rightarrow A$ gilt, schreibt man $A \Leftrightarrow B$.

Dies bedeutet, dass A und B die gleichen Wahrheitswerte haben. Man nennt die Verknüpfung $A \Leftrightarrow B$ daher auch Äquivalenz.

Man sagt auch: A gilt genau dann, wenn B gilt.

Wenn man Gleichungen umformt, möchte man, dass die Gleichung danach genau dann für gewisse Werte der Variablen wahr ist, wenn die Gleichung davor für diese Werte wahr ist.

Dividieren durch 2 ist eine Äquivalenzumformung.

Quadrieren ist keine Äquivalenzumformung.

„Erster Faktor gerade $\Rightarrow$ Produkt gerade" ist wahr.
„Produkt gerade $\Rightarrow$ Erster Faktor gerade" ist falsch.

A	B	$A \Leftrightarrow B$
w	w	w
w	f	f
f	w	f
f	f	w

Es sollen weder Lösungen dazukommen noch welche verschwinden. Eine solche Umformung nennt man Äquivalenzumformung.

$2x = 6 \Leftrightarrow x = 3$
Linke Gleichung genau für $x = 3$ wahr.
Rechte Gleichung genau für $x = 3$ wahr.

$x = 2 \Rightarrow x^2 = 4$
Linke Seite genau für $x = 2$ wahr.
Rechte Seite für $x = 2$ und $x = -2$ wahr.
Es ist eine Lösung hinzu
gekommen.
$x = 2 \not\Leftarrow x^2 = 4$
$x = \pm 2 \Leftrightarrow x^2 = 4$

Was ist eine Menge?

Eine Menge ist die Zusammenfassung von wohlunterschiedenen Objekten zu einem Ganzen. Man steckt alle Objekte gedanklich in einen Sack und betrachtet den Sack mit den Elementen.

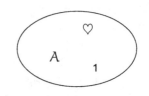

Die Objekte bezeichnet man als Elemente, den Sack mit den Elementen als Menge. Man schreibt die Menge mit geschweiften Klammern.

$\{A, 1, \heartsuit\}$ $\{A, 1, \heartsuit\}$
Das sind die Elemente.   Das ist die Menge.

Man sagt, ein Element ist in einer Menge enthalten und schreibt $\in$.

$1 \in \{A, 1, \heartsuit\}$

Man kann eine Menge auch mit einem Buchstaben bezeichnen.

$M = \{A, 1, \heartsuit\}$
$1 \in M$

Bei einer Menge kommt es nicht auf die Reihenfolge an. Es kommt auch jedes Element nur einmal vor.

$\{1, 2, 3\} = \{3, 1, 2\}$

Zwei Mengen sind genau dann gleich, wenn sie die gleichen Elemente enthalten.

Die Anzahl der Elemente einer Menge bezeichnet man als Mächtigkeit und notiert sie mit zwei vertikalen Strichen.

$|\{A, 1, \heartsuit\}| = |\{1, 2, 3\}| = 3$

Eine Menge muss nicht viele („eine Menge") Elemente enthalten, sie kann kein Element oder auch nur ein Element enthalten.

Wenn eine Menge kein Element enthält, nennt man sie die leere Menge und bezeichnet sie manchmal mit $\emptyset$.

$\{\} = \emptyset$

Die Menge mit einem Element ist etwas anderes als das Element selbst.

$\{17\} \neq 17$

Wie rechnet man mit Mengen?

Der Schnitt zweier Mengen ist die Menge, die genau die Elemente enthält, die in der ersten Menge enthalten sind und in der zweiten.

$A = \{2, 4, 6\}$
$B = \{5, 6\}$
$A \cap B = \{x \mid x \in A \wedge x \in B\}$
$A \cap B = \{6\}$

Die Vereinigung ist die Menge, die genau die Elemente enthält, die in der ersten Menge enthalten sind oder in der zweiten oder in beiden.

$A \cup B = \{x \mid x \in A \vee x \in B\}$
$A \cup B = \{2, 4, 5, 6\}$

Die Differenzmenge enthält die Elemente der ersten Menge, die nicht in der zweiten enthalten sind.

$A \setminus B = \{x \mid x \in A \wedge x \notin B\}$
$A \setminus B = \{2, 4\}$

Du siehst, dass die Mengenoperationen eng mit den Operationen von Aussagen zusammenhängen. Daher sind auch die Symbole ähnlich.

$\wedge$ und $\quad$ $\cap$ geschnitten mit
$\vee$ oder $\quad$ $\cup$ vereinigt mit

Für die Mengenoperationen gelten auch Rechenregeln, auf die wir nicht weiter eingehen.

$A \cap B = B \cap A \qquad A \cup B = B \cup A$
$A \cap (B \cap C) = (A \cap B) \cap C = A \cap B \cap C$
$A \cup (B \cup C) = (A \cup B) \cup C = A \cup B \cup C$
$A \cap (B \cup C) = (A \cap B) \cup (A \cap C)$
$A \cup (B \cap C) = (A \cup B) \cap (A \cup C)$

Wenn du Paare bildest von jedem Element der ersten Menge mit jedem der zweiten Menge, bezeichnet man die Menge der Paare als kartesisches Produkt. Die Anzahl der Elemente multipliziert sich.

	5	6
2	(2, 5)	(2, 6)
4	(4, 5)	(4, 6)
6	(6, 5)	(6, 6)

$\{2, 4, 6\} \times \{5, 6\} =$
$\{(2, 5), (2, 6), (4, 5), (4, 6), (6, 5), (6, 6)\}$

Man schreibt die Paare mit runden Klammern. Hier kommt es auf die Reihenfolge an. Es sind keine Mengen.

$(2, 5) \neq (5, 2)$ Paare
$\{2, 5\} = \{5, 2\}$ Zweiermengen

Was sind Intervalle?

Ein Intervall ist eine Menge von reellen Zahlen, die einen Abschnitt auf dem Zahlenstrahl bilden.

$$(2,3) = \{x \mid 2 < x < 3\}$$

Je nachdem, ob die linke oder rechte Intervallgrenze mit in der Menge enthalten ist oder nicht, spricht man von abgeschlossenen, offenen oder halboffenen Intervallen. Man verwendet eckige bzw. runde Klammern.

offen:
$$(2,3) = \{x \mid 2 < x < 3\}$$
halboffen:
$$(2,3] = \{x \mid 2 < x \leq 3\}$$
$$[2,3) = \{x \mid 2 \leq x < 3\}$$
abgeschlossen:
$$[2,3] = \{x \mid 2 \leq x \leq 3\}$$

Es gibt auch unbeschränkte Intervalle, diese sind auf der Seite, wo sie unbegrenzt sind, als offen angegeben (weil ∞ oder $-\infty$ keine reelle Zahl ist und nicht zum Intervall gehört).

$$(-\infty, 0] = \{x \mid x \leq 0\}$$
$$(-\infty, 0) = \{x \mid x < 0\}$$
$$[0, \infty) = \{x \mid 0 \leq x\}$$
$$(0, \infty) = \{x \mid 0 < x\}$$

Wenn du den Durchschnitt von Intervallen bildest, erhältst du wieder ein Intervall.

$$(2,4) \cap (3,5) = (3,4)$$
$$(2,4) \cap [3,5) = [3,4]$$

Das Symbol ∞ steht für unendlich, es ist keine reelle Zahl. Wir werden später bei Grenzwerten genauer darauf zurückkommen.

∞ ist keine reelle Zahl.

∞ steht symbolisch für „größer als jede noch so große positive reelle Zahl".
$-\infty$ steht symbolisch für „ kleiner als jede noch so große negative reelle Zahl".

Welche Beweisarten gibt es?

Wir wollen auf drei verschiedene Arten zeigen, dass aus der Aussage A die Aussage B folgt, d. h. dass die Implikation $A \Rightarrow B$ gilt.

1. Direkter Beweis: Wir gehen von der Voraussetzung A aus und versuchen, die Folgerung B zu zeigen.

2. Indirekter Beweis: Die zu zeigende Folgerung $A \Rightarrow B$ ist äquivalent zur sogenannten Kontraposition $\overline{B} \Rightarrow \overline{A}$. Dies sieht man an der Wahrheitstabelle. Wir gehen also von der negierten Folgerung $\overline{B}$ aus und versuchen, die negierte Voraussetzung $\overline{A}$ zu zeigen.

3. Beweis durch Widerspruch: Die zu zeigende Folgerung $A \Rightarrow B$ ist äquivalent dazu, dass die negierte Folgerung $\overline{B}$ und A in einem Widerspruch stehen, dass also $\overline{B} \wedge A = f$.

Bei diesem einfachen Beispiel sind alle drei Beweise problemlos durchführbar. Bei komplizierteren Aussagen geht oft nur 2. oder 3.

Die Schwierigkeit bei 3. liegt darin, dass man einen Widerspruch zeigen muss, man also mit falschen Aussagen hantiert, diese sich aber aus $\overline{B} \wedge A$ ergeben müssen und nicht durch einen Fehler.

Zu zeigen $A \Rightarrow B$ mit
A: n ist ungerade,
B: n^2 ist ungerade.

A: n ungerade
n lässt sich schreiben als $n = 2k + 1$.
$\Rightarrow n^2 = 4k^2 + 4k + 1 = 2(2k^2 + 2k) + 1$
Also ist n^2 ungerade und B gezeigt.

$\overline{B}$: n^2 gerade
n^2 lässt sich schreiben als $n^2 = 2m$.
$\Rightarrow$ n muss den Faktor 2 enthalten.
Also ist n gerade und $\overline{A}$ gezeigt.

$n^2 = 2k$ $\quad (*)$
$n = 2l + 1$
$n^2 = 4l^2 + 4l + 1$ $\quad (**)$
$(**) - (*): 0 = 2(l^2 + 2l - k) + 1$
Rechts steht eine ungerade Zahl, links 0, Widerspruch!

Auflösen von Gleichungen nach Unbekannten

Das Auflösen von Gleichungen nach unbekannten Größen ist eine zentrale Methode, die gerade für Anwendungen wichtig ist.

Man hat eine Gleichung gegeben oder aufgrund einer Problemstellung aufgestellt und sucht den Wert einer unbekannten Größe, oft mit x bezeichnet.

Die Menge aller x, die nach Einsetzen in die Gleichung die Gleichung zu einer wahren Aussage macht, die Lösungsmenge, ist die Lösung der Aufgabe.

Oft gibt es genau eine Lösung, das muss aber nicht so sein.

Gleichungen mit Unbekannten sind eine Art, wie Mathematik Fragen ausdrückt. Die Antwort auf die Frage ist der Wert der Unbekannten.

Wir haben im letzten Kapitel gesehen, was der Wahrheitswert einer Aussage ist und dass äquivalente Aussagen den gleichen Wahrheitswert haben.

Für das Lösen von Gleichungen bieten sich daher Äquivalenzumformungen an, die den Wahrheitswert und somit die Lösungsmenge nicht ändern.

Wie formst du Gleichungen mit Äquivalenzumformungen um?

Wenn man Gleichungen umformt, um eine Unbekannte zu berechnen, will man zweierlei erreichen:

Erstens soll die Gleichung danach genau dann für gewisse Werte der Variablen wahr sein, wenn die Gleichung davor für diese Werte wahr ist.

$2x + 1 = 7$ ist für genau die gleichen Werte von x wahr wie die Gleichung $x = 3$.

Es sollen also weder Lösungen dazukommen noch welche verschwinden.

Wenn dies der Fall ist, nennt man die Umformung Äquivalenzumformung und schreibt $\Leftrightarrow$. Die Gleichung danach ist dann gleichwertig (äquivalent) zu der Gleichung davor.

$2x + 1 = 7 \Leftrightarrow x = 3$
Die beiden Gleichungen sind äquivalent.

Zweitens soll nach der Umformung die Unbekannte nur noch auf einer Seite der Gleichung stehen, und zwar alleine. Dann kann man den Wert auf der anderen Seite der Gleichung ablesen.

$x = 3$
Links steht x alleine, rechts steht der Wert von x, die Lösung.

Meistens kann man dies nicht durch einen Schritt erreichen, sondern muss mehrere Äquivalenzumformungen hintereinander ausführen.

$2x + 1 = 7 \quad | - 1$
$\Leftrightarrow 2x = 6 \quad | : 2$
$\Leftrightarrow x = 3$
Subtrahieren und Dividieren auf beiden Seiten sind Äquivalenzumformungen.

Was sind typische Äquivalenzumformungen?

Du kannst auf beiden Seiten eine Zahl addieren oder subtrahieren.

$x + 7 = 5 \quad | - 7$
$x = 5 - 7 = -2$

Du kannst auf beiden Seiten mit einer Zahl multiplizieren oder dividieren.

$7x = 5 \quad | : 7$
$x = \dfrac{5}{7}$

Die Zahl muss ungleich 0 sein, da die Multiplikation mit 0 keine Äquivalenzumfomung ist und die Division durch 0 nicht definiert ist.

Multiplizieren mit 0 ist keine Äquivalenzumformung:
Aus der falschen Aussage $3 = 5$ folgt durch Multiplizieren mit 0 die richtige Aussage $0 = 0$.

Wenn du mit einem Ausdruck multiplizierst, der in Abhängigkeit von x null werden kann, musst du die entsprechenden Werte von x ausschließen.

$\dfrac{x - 1}{x^2 - 1} = 1 \quad | \cdot (x^2 - 1) \neq 0,$ also $x \neq \pm 1$
$x - 1 = x^2 - 1 \quad | + 1$
$x = x^2$
$x(1 - x) = 0$
$\Rightarrow x_1 = 0, x_2 = 1$
$x = 0,$ da $x_2 = 1$ ausgeschlossen ist.

Du kannst beide Seiten logarithmieren. Das hilft, wenn die Unbekannte im Exponenten steht.

$2^x = 5 \quad | \log$
$\log(2^x) = \log(5)$
$x \log(2) = \log(5) \quad | : \log(2)$
$x = \dfrac{\log(5)}{\log(2)}$

Wenn du die Wurzel ziehst, denke daran, dass du zwei Lösungen erhältst (das gilt für alle geradzahligen Wurzeln).

$x^2 = 9$
$x = \pm\sqrt{9} = \pm 3$
$x_1 = -3, x_2 = +3$

Wenn ein Produkt gleich 0 ist, folgt daraus, dass mindestens einer der Faktoren gleich 0 sein muss.

$(x - 1)(e^x - 2) = 0$
$\Rightarrow x - 1 = 0$ oder $e^x - 2 = 0$
$\Rightarrow x_1 = 1, x_2 = \ln(2)$

Wo musst du beim Gleichungsumformen aufpassen?

Du musst immer dann aufpassen, wenn die Umformungen keine Äquivalenzumformungen sind.

Das Multiplizieren mit einer Zahl ist nur dann eine Äquivalenzumformung, wenn du mit einer Zahl ungleich null multiplizierst.

Beim Quadrieren folgt aus der Ursprungsgleichung zwar die neue Gleichung, aber aus der neuen Gleichung nicht nur die ursprüngliche.

Es kann sein, dass du derartige Umformungen vornehmen musst, die keine Äquivalenzumformungen sind, z. B. wenn du Wurzelgleichungen löst. Du musst dann stets eine Probe machen, also die Lösungen, die du gefunden hast, in die Ursprungsgleichung einsetzen.

Durch Null dividieren ist nicht nur keine Äquivalenzumformung, sondern nicht definiert. Wenn du es dennoch tust, kannst du falsche Aussagen wie etwa $1 = 0$ beweisen.

Quadrieren und Multiplizieren mit Null sind keine Äquivalenzumformungen.

Beim Multiplizieren mit 0 entsteht aus einer falschen Gleichung wie $3 = 5$ die richtige Aussage $0 = 0$. Somit ist es keine Äquivalenzumformung.

$x = 1 \Rightarrow x^2 = 1$
$x = 1 \not\Leftarrow x^2 = 1$,
Linke Seite genau für $x = 1$ wahr.
Rechte Seite für $x = 1$ und $x = -1$ wahr.
Durch Quadrieren ist eine Lösung hinzugekommen.

$\sqrt{x + 1} + \sqrt{x - 1} = 1$ | Quadrieren
$x + 1 + 2\sqrt{x + 1}\sqrt{x - 1} + x - 1 = 1$
$2x + 2\sqrt{x + 1}\sqrt{x - 1} = 1$ | $- 2x$
$2\sqrt{x + 1}\sqrt{x - 1} = 1 - 2x$
$4(x^2 - 1) = 1 - 4x + 4x^2$ | $- 1$
$-5 = -4x$ | $: (-5)$
$x = \frac{5}{4}$
Probe: $\sqrt{\frac{9}{4}} + \sqrt{\frac{1}{4}} = \frac{3}{2} + \frac{1}{2} = 2 \neq 1$
Die Gleichung hat keine Lösung.

Setze $x = 1$ (das ist erlaubt).
$x = 1$ | $\cdot x$ (korrekt)
$x^2 = x$ | $- x$ (korrekt)
$x^2 - x = 0$ | 3. binomische Formel
$(x + 1)(x - 1) = 0$| $: (x - 1)$ (nicht def.!)
$x + 1 = 0$ | $x = 1$ einsetzen
$2 = 0$ | $: 2$ (erlaubt)
$1 = 0$

Wie erkennst du den Typ einer Gleichung?

Prüfe zunächst, wie viele Unbekannnte deine Gleichung enthält. Den Fall mehrerer Unbekannten behandeln wir später.

$x + \sin(x) = 0$:　1 Unbekannte
$x^2 + y^2 = 3$:　　2 Unbekannte

Schaue dann, ob du die Gleichung in offensichtlicher Weise vereinfachen kannst.

$x^2 + x = x + 1 \Rightarrow x^2 = 1$

Bringe die Brüche auf den Hauptnenner.

$$\frac{1}{x+1} + \frac{1}{x-1} = 1 \Rightarrow \frac{2x}{x^2-1} = 1$$

Prüfe, ob die Unbekannte nur linear vorkommt. Dann hast du eine lineare Gleichung.

$$\frac{17}{35}x + \frac{101}{1001} = 717$$
s. lineare Gleichung

Wenn die Unbekannte quadratisch und ggf. linear vorkommt, hast du eine quadratische Gleichung.

$x^2 + x + 1 = 0$
s. quadratische Gleichung

Wenn die Unbekannte als höhere Potenz vorkommt, hast du eine polynomiale Gleichung höheren Grades, du musst die Nullstellen eines Polynoms bestimmen.

$x^3 + x^2 + x = 0$
s. Gleichungen höheren Grades

Wenn die Wurzeln enthält, musst du durch geschicktes Umstellen und Quadrieren die Wurzeln entfernen. Du musst stets die Probe machen, durch das Quadrieren können sich Scheinlösungen ergeben.

$\sqrt{x+1} + \sqrt{x-1} = 1$
s. Wurzelgleichung bei Äquivalenzumformungen

Wenn die Unbekannte im Exponenten vorkommt, hast du eine Exponentialgleichung.

$4^x + 2^x = 5$
s. Exponentialgleichung

Wie löst du eine lineare Gleichung?

Du willst eine lineare Gleichung in einer Variablen lösen.

$$3x + 2 = 7$$

Um die Gleichung zu lösen, musst du x isolieren. Dazu bringst du erst den Term ohne x auf die andere Seite, du ziehst also von beiden Seiten 2 ab.

$$3x = 7 - 2 = 5$$

Um das x ganz alleine auf einer Seite stehen zu haben, musst du noch das 3 aus der linken Seite loswerden. Das schaffst du, indem du beide Seiten durch 3 dividierst.

$$3x = 5 \quad | : 3$$
$$x = \frac{5}{3}$$

Ganz analog kannst du eine beliebige lineare Gleichung ($a \neq 0$, sonst ist es keine lineare Gleichung) in einer Variablen lösen.

$$ax + b = c$$
$$x = \frac{c - b}{a}$$

Die Formel brauchst du dir aber nicht zu merken, da sie sich automatisch ergibt, wenn du wie oben vorgehst.

Wie löst du eine quadratische Gleichung?

Manche quadratischen Gleichungen kannst du schon lösen, indem du einfach auf beiden Seiten die Wurzel ziehst.

$$x^2 = 4$$
$$x_{1,2} = \pm\sqrt{4} = \pm 2$$

Um deutlich zu machen, dass es zwei Lösungen sind, schreibt man $x_{1,2}$. Das x_1 ist dann die Lösung mit dem +, das x_2 die Lösung mit dem -.

$x_{1,2} = \pm 2$
steht für
$x_1 = +2$
$x_2 = -2$

Das Besondere an der Gleichung war, dass das x nur als x^2 vorkam.

Wenn du eine allgemeinere quadratische Gleichung hast, ist die Lösung ganz ähnlich, du musst auch eine Wurzel ziehen und du erhältst im Allgemeinen auch zwei Lösungen.

$$x^2 - 2x = 5$$

Der Trick, um den Term mit x loszuwerden, ist die sogenannte quadratische Ergänzung.

Erinnere dich an die binomische Formel (oder multipliziere aus).

$(a - b)^2 = a^2 - 2ab + b^2$, also
$(x - 1)^2 = x^2 - 2x + 1$

Addiere auf beiden Seiten 1, damit du links die binomische Formel anwenden kannst.

$x^2 - 2x = 5$
$\Rightarrow x^2 - 2x + 1 = 5 + 1 = 6$
$\Rightarrow (x - 1)^2 = 6$

Dann ziehe einfach die Wurzel auf beiden Seiten (genau wie oben).

$\Rightarrow x - 1 = \pm\sqrt{6}$

Jetzt musst du nur noch die -1 links loswerden. Addiere dazu 1 auf beiden Seiten. Man schreibt die Zahl üblicherweise vor die Wurzel, weil es der einfachere Term ist.

$\Rightarrow x = 1 \pm \sqrt{6}$

Wie geht die quadratische Ergänzung allgemein?

Wenn du das Verfahren der vorherigen Seite für die quadratische Gleichung $x^2 + px + q = 0$ durchführst, erhältst du die sogenannte p-q-Formel.

$$x^2 + px + q = 0$$
$$\left(x + \tfrac{p}{2}\right)^2 - \left(\tfrac{p}{2}\right)^2 + q = 0$$
$$\left(x + \tfrac{p}{2}\right)^2 = \left(\tfrac{p}{2}\right)^2 - q$$
$$x + \tfrac{p}{2} = \pm\sqrt{\left(\tfrac{p}{2}\right)^2 - q}$$
$$x = -\tfrac{p}{2} \pm \sqrt{\left(\tfrac{p}{2}\right)^2 - q}$$

Falls du auch vor dem x^2 einen Faktor hast, musst du erst durch diesen dividieren, danach kannst du die p-q-Formel anwenden.

$$ax^2 + bx + c = 0 \quad | : a$$
$$x^2 + \tfrac{b}{a}x + \tfrac{c}{a} = 0$$

Die so entstehende Formel nennt man manchmal Mitternachtsformel.

$$x_{1,2} = \frac{-b \pm \sqrt{b^2 - 4ac}}{2a}$$

Du brauchst dir diese Formeln nicht zu merken, da du sie dir anhand der jeweils vorliegenden Gleichung jeweils kurz herleiten kannst.

Entscheidend ist dabei die quadratische Ergänzung: Ergänze den Term, der den quadratischen und den linearen Term zu einem vollständigen Quadrat macht, und ziehe ihn dann gleich wieder ab.

$$x^2 - 6x + 3 = 0$$
$$x^2 - 6x + 9 - 9 + 3 = 0$$

Der zu ergänzende Term ist die Hälfte des Koeffizienten vor dem x ins Quadrat genommen.

Koeffizient von $-6x$ ist -6, die Hälfte ist -3, das Quadrat ist 9, also ergänze $+9 - 9$.

Das vollständige Quadrat schreibst du als Quadrat.

$$\underbrace{x^2 - 6x + 9}_{(x-3)^2} \underbrace{-9 + 3}_{-6} = 0$$
$$(x - 3)^2 = 6$$
$$x - 3 = \pm\sqrt{6} \Rightarrow x = 3 \pm \sqrt{6}$$

Wie löst du Gleichungen höheren Grades?

Für die Lösungen von Gleichungen dritten und vierten Grades gibt es ähnliche Formeln wie für die quadratische Gleichung, nur viel komplizierter, sodass man in der Praxis die Nullstellen meist numerisch berechnet.

$$x^3 + px + q = 0$$
$$x = \sqrt[3]{-\frac{q}{2} + \sqrt{D}} + \sqrt[3]{-\frac{q}{2} - \sqrt{D}}$$
$$D = \left(\frac{p}{3}\right)^3 + \left(\frac{q}{2}\right)^2$$

Die dritten Wurzeln müssen so gewählt werden, dass ihr Produkt $-\frac{p}{3}$ ist.

Für die allgemeine Gleichung fünften Grades kann man beweisen, dass es keine Lösungsformeln mit geschachtelten Wurzelausdrücken gibt.

$$x^5 - x + 1 = 0$$

hat bewiesenermaßen keine Lösung mit geschachtelten Wurzelausdrücken.

Ansätze in einfachen Fällen:

- Du kannst x oder eine Potenz von x ausklammern, und was übrig bleibt, ist ein Polynom ersten oder zweiten Grades.

$$x^{10} - 2x^9 = 0$$
$$\Rightarrow x^9(x - 2) = 0$$
$$\Rightarrow x_1 = 0, x_2 = 2$$

sind die beiden Lösungen.

- Du kannst eine Lösung wie folgt erraten: Wenn dein Polynom ganzzahlige Koeffizienten hat, ist eine ganzzahlige Lösung immer ein Teiler des Absolutglieds (das ist der Term im Polynom ohne x). Wenn sich beim Einsetzen 0 ergibt, hast du eine Lösung gefunden.

$$x^3 + x^2 - 5x + 3 = 0$$

Wenn es ganzzahlige Lösungen gibt, sind diese Teiler von 3, also 1 oder –1 oder 3 oder –3.
Durch Ausprobieren:
$x_1 = 1$ und $x_2 = -3$ sind Lösungen.

Wenn du eine Lösung hast, kannst du mit Polynomdivision den Grad der Gleichung um eins reduzieren.

- Du kannst eine Hilfsvariable (z. B. z) gleich x^2 setzen und erhältst dann ein Polynom zweiten Grades.

$$x^4 - 5x^2 + 6 = 0$$

Setze $x^2 = z$, also $x^4 = z^2$.
$$\Rightarrow z^2 - 5z + 6 = 0$$
$$\Rightarrow z_1 = 3, z_2 = 2 \text{ (s.o.)}$$
Mit $x = \pm\sqrt{z}$ folgt:
$$x_1 = \sqrt{3}, x_2 = -\sqrt{3}$$
$$x_3 = \sqrt{2}, x_4 = -\sqrt{2}$$

Wie löst du Exponentialgleichungen?

Wenn die Unbekannte im Exponenten vorkommt, dann wendest du den zur Basis passenden Logarithmus an.

$$2^x = 5$$
$$x = \log_2(5)$$

Du kannst auch einen Logarithmus zu einer beliebigen anderen Basis anwenden, dann kommt der Exponent auch herunter und du erhältst eine lineare Gleichung.

$$2^x = 5$$
$$\ln(2^x) = \ln(5)$$
$$x \ln(2) = \ln(5)$$
$$x = \frac{\ln(5)}{\ln(2)}$$

Wenn die Unbekannte in zwei Exponenten auftritt und die eine Basis das Quadrat der anderen ist, kannst du den einen Exponentialausdruck mit z abkürzen und erhältst eine quadratische Gleichung für z.

$$4^x + 2^x = 5$$
$$2^{2x} - 5 \cdot 2^x + 6 = 0$$
$$(2^x)^2 - 5 \cdot 2^x + 6 = 0 \mid \text{Setze } z = 2^x.$$
$$z^2 - 5z + 6 = 0 \mid \text{Lösen der qu. Gl.}$$
$$z_1 = 2, z_2 = 3$$
$$2^{x_1} = 2, 2^{x_2} = 3$$
$$x_1 = 1, x_2 = \log_2(3)$$

Dies geht auch, wenn die eine Potenz ein anderes ganzzahliges Vielfaches ist, oder bei mehr als zwei Exponentialtermen.

$$27^x + 2 \cdot 9^x + 3^x = 48 \mid \text{Setze } z = 3^x.$$
$$z^3 + 2z^2 + z = 48$$

So kannst du auch die Gleichung $\frac{e^x - e^{-x}}{2} = a$ auflösen. Man bezeichnet die Funktion links auch als Sinus hyperbolicus (sinh). Sie ist mit der Sinusfunktion verwandt.

$$\frac{e^x - e^{-x}}{2} = a \mid \quad z = e^x \Rightarrow e^{-x} = \frac{1}{z}$$
$$z - \frac{1}{z} = 2a \quad \mid \cdot z = e^x > 0$$
$$z^2 - 2az - 1 = 0 \quad \mid \text{Lösen der qu. Gl.}$$
$$z_{1,2} = a \pm \sqrt{a^2 + 1} \mid \text{da } z = e^x > 0:$$
$$x = \ln(z_1) = \ln(a + \sqrt{a^2 + 1})$$

Wenn x und a^x oder x und $\sin(x)$ oder x und $\ln(x)$ gleichzeitig in einer Gleichung vorkommen, kann man die Lösung im Allgemeinen nicht als eine Formel mit elementaren Funktionen darstellen.

$$x + 2^x = 0$$
$$x e^x = 1$$
nicht analytisch lösbar,
nur mit Näherungsverfahren

Wie bestimmst du die Lösungsmenge einer Betragsgleichung?

Um die Lösung einer Betragsgleichung zu bestimmen, musst du für jeden Betrag die beiden Fälle getrennt betrachten.

$$|x| = \begin{cases} x & \text{für} \quad x \geq 0 \\ -x & \text{für} \quad x < 0 \end{cases}$$

Du bestimmst die Menge aller x für den Fall, dass das Argument größergleich 0 ist und berechnest dann die Lösung für x. Analog gehst du vor für den zweiten Fall, dass das Argument des Betrags kleiner 0 ist.

$|x + 2| = 3$

1. Fall $x + 2 \geq 0$, d. h. $x \geq -2$
$|x + 2| = x + 2 = 3 \Rightarrow x = 1$,
$x = 1$ erfüllt $x \geq -2$, also $x_1 = 1$.

2. Fall $x + 2 < 0$, d. h. $x < -2$
$|x + 2| = -(x + 2) = 3 \Rightarrow x = -5$,
$x = -5$ erfüllt $x < -2$, also $x_2 = -5$.

Am Schluss nimmst du alle Lösungen zusammen.

$x_1 = 1, x_2 = -5$

Wenn du mehrere Beträge hast, musst du entsprechend mehrere Fälle betrachten.

$|x + 2| + 2|x - 2| = 10$

1.) $x < -2$: $-(x + 2) - 2(x - 2) = 10$
$\Rightarrow x = -\frac{8}{3}$, im Bereich

2.) $-2 \leq x < 2$: $(x + 2) - 2(x - 2) = 10$
$\Rightarrow x = -4$, nicht im Bereich

3.) $2 \leq x$: $\quad (x + 2) + 2(x - 2) = 10$
$\Rightarrow x = 4$, im Bereich

Am Schluss nimmst du alle Lösungen zusammen.

$x_1 = -\frac{8}{3}, x_2 = 4$

Wie bestimmst du die Lösungsmenge einer Ungleichung?

Du kannst eine Ungleichung ähnlich wie eine Gleichung auflösen.

$$2x + 5 > 3 \mid -5 \qquad 2x + 5 = 3 \mid -5$$
$$2x > -2 \mid : 2 \qquad 2x = -2 \mid 2$$
$$x > -1 \qquad x = -1$$

Wenn du allerdings mit einer negativen Zahl multiplizierst oder dividierst, musst du das Vorzeichen umkehren.

$$-x > 3 \quad \mid \cdot (-1)$$
$$x < -3$$

Wenn du eine quadratische Ungleichung hast, löst du am besten erst die entsprechende quadratische Gleichung.

$$x^2 - 5x + 6 > 0$$
$$x^2 - 5x + 6 = 0 \Rightarrow x_1 = 2, x_2 = 3$$

Die Lösungsmenge besteht dann aus ein oder zwei Intervallen, die durch die Lösungen der Gleichung begrenzt sind. Du stellst fest, welche es sind, indem du einen Beispielwert einsetzt. Das Vorzeichen ändert sich bei jeder einfachen Nullstelle.

Für $x < 2$ (Bsp. $x = 0$) ist $x^2 - 5x + 6 > 0$
Für $2 < x < 3$ ist $x^2 - 5x + 6 < 0$.
Für $3 < x$ ist $x^2 - 5x + 6 > 0$.
Lösungsmenge: $x < 2$ oder $x > 3$, also $x \in (-\infty, 2) \cup (3, \infty)$

Alternativ kannst du den quadratischen Term, der größer null sein soll, mittels der Nullstellen in Faktoren zerlegen und ihr Vorzeichen betrachten.

$$x^2 - 5x + 6 = (x - 2)(x - 3) > 0$$
$$a \cdot b > 0$$
$$\Rightarrow (a > 0 \wedge b > 0) \vee (a < 0 \wedge b < 0)$$

a) $x - 2 > 0 \wedge x - 3 > 0$
$\Rightarrow x > 2 \wedge x > 3 \Rightarrow x > 3$

b) $x - 2 < 0 \wedge x - 3 < 0$
$\Rightarrow x < 2 \wedge x < 3 \Rightarrow x < 2$

Lösungsmenge also $x < 2 \vee x > 3$

Wie löst du ein lineares Gleichungssystem?

Zwei lineare Gleichungen mit zwei Unbekannten nennt man ein lineares Gleichungssystem.

$$(1) \quad 2x + 3y = 5$$
$$(2) \quad 3x + 5y = 10$$

Eine Möglichkeit, es zu lösen, ist, die erste Gleichung so mit einer Zahl zu multiplizieren und die zweite mit einer anderen, dass sich z. B. y heraushebt, wenn du beide Gleichungen voneinander abziehst.

$5 \cdot (1) \quad 10x + 15y = 25$
$3 \cdot (2) \quad 9x + 15y = 30$
$\Rightarrow (10 - 9) \cdot x + 0 \cdot y = 25 - 30$
$\Rightarrow x = -5$
Einsetzen in (1) liefert $y = 5$.

Dies geht auch ganz allgemein.

$$(1) \quad ax + by = e$$
$$(2) \quad cx + dy = f$$

Du multiplizierst die erste Gleichung mit dem y-Koeffizienten der zweiten Gleichung und die zweite Gleichung mit dem x-Koeffizienten der ersten Gleichung.

$d \cdot (1) \quad adx + bdy = de$
$b \cdot (2) \quad bcx + bdy = bf$

Dann subtrahierst du die Gleichungen voneinander und löst die lineare Gleichung in x.

$(ad - bc) \cdot x + 0 \cdot y = de - bf$
$$x = \frac{de - bf}{ad - bc}$$

Das 2×2-Schema der Koeffizienten bezeichnet man als Koeffizientenmatrix. Man schreibt sie mit runden Klammern.

$$\begin{pmatrix} a & b \\ c & d \end{pmatrix}$$

Die Größe $ad - bc$ bezeichnet man als Determinante der Koeffizientenmatrix und schreibt sie mit det oder mit vertikalen Strichen.

$$\det \begin{pmatrix} a & b \\ c & d \end{pmatrix} = \begin{vmatrix} a & b \\ c & d \end{vmatrix} = ad - bc$$

Man kann die Lösung damit als Quotient zweier Determinanten schreiben.

$$x = \frac{\begin{vmatrix} e & b \\ f & d \end{vmatrix}}{\begin{vmatrix} a & b \\ c & d \end{vmatrix}}$$

Etwas Geometrie

Geometrie ist ein eigenständiger Teil der Mathematik, eine ihrer Wurzeln und ein aktives Forschungsgebiet.

Hier erkläre ich nur etwas Geometrie, so viel, wie man auf jeden Fall kennen sollte und bei den üblichen Anwendungen benötigt.

Der Schwerpunkt liegt dabei auf der Berechnung von Längen, Flächen und Winkeln, nicht auf der geometrischen Konstruktion.

Wir betrachten dabei Dreiecke, da dies die einfachsten ebenen geometrischen Figuren sind und man alle geradlinigen ebenen Formen in Dreiecke zerlegen kann.

Warum ist die Winkelsumme im Dreieck 180°?

Wenn du eine Seite des Dreiecks betrachtest und durch den gegenüberliegenden Eckpunkt des Dreiecks eine Parallele ziehst, siehst du, dass die Summe der Winkel gleich dem gestreckten Winkel, also gleich 180° ist.

$\alpha = \alpha', \beta = \beta'$

$\alpha + \beta + \gamma = \alpha' + \beta' + \gamma = 180°$

Das heißt, wenn du zwei Winkel eines Dreiecks gegeben hast, ist auch der dritte festgelegt; er ergibt sich als Differenz ihrer Summe zu 180°.

$\alpha + \beta + \gamma = 180°$

$\Rightarrow \gamma = 180° - (\alpha + \beta)$

Du kannst die Winkelsumme von 180° auch wie folgt verstehen: Wenn du einen Bleistift auf eine Dreieckseite legst (Pfeil unten), das Dreieck entlang fährst und bei jedem Eck (rechts, oben, links) um den entsprechenden Winkel drehst, dann zeigt der Bleistift am Ende in die entgegengesetzte Richtung (Pfeil innen), d.h. du hast ihn um 180° gedreht.

(1) Pfeil zeigt danach andersherum.

(2) Es sind weniger als 540°, da jeder Winkel kleiner als 180° ist.

(1) und (2) $\Rightarrow$ Winkelsumme = 180°

Die Winkelsumme im Dreieck ist nur in der flachen, der euklidischen Geometrie 180°. Es gibt gekrümmte Geometrien, wie z. B. die Oberfläche der Erde, wo dies nicht der Fall ist.

Ein sphärisches Dreieck mit einer Ecke Nordpol und zwei Ecken auf dem Äquator im Abstand von 90° hat drei rechte Winkel und somit die Winkelsumme 270°.

Was sind ähnliche Dreiecke?

Zwei Dreiecke heißen ähnlich, wenn sie die gleiche Form haben und sich nur in der Größe unterscheiden. Dass die Form gleich ist, bedeutet, dass die Winkel übereinstimmen. Dazu genügt wegen der konstanten Winkelsumme im Dreieck, dass zwei Winkel von ihrer Größe übereinstimmen.

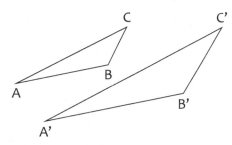

$$\triangle ABC \cong \triangle A'B'C'$$

Wenn man die beiden Dreiecke so legt, dass die Scheitel zweier gleicher Winkel übereinstimmen und zwei Seiten aufeinander liegen und die beiden dritten Seiten parallel sind, ergibt sich die Figur des Strahlensatzes.

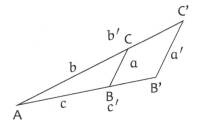

$$b = |AC|, b' = |AC'|$$
$$c = |AB|, c' = |AB'|$$

Die Verhältnisse der entsprechenden Längen sind gleich groß. Dies ist der Ähnlichkeitsfaktor k, um das man das eine Dreieck vergrößern muss, um das andere zu erhalten.

$$\frac{a'}{a} = \frac{b'}{b} = \frac{c'}{c} = k$$

Die entsprechenden Flächen verhalten sich wie das Quadrat der Seitenlängen.

$$\frac{F_{\triangle A'B'C'}}{F_{\triangle ABC}} = k^2 = \left(\frac{a'}{a}\right)^2$$

Daher ist die Fläche eines Dreiecks proportional zu dem Quadrat einer Seitenlänge mit einem gemeinsamen Proportionalitätsfaktor m für ähnliche Dreiecke.

$$F_{\triangle ABC} = ma^2$$
$$F_{\triangle A'B'C'} = ma'^2$$

Wo hilft dir der Satz des Pythagoras?

Man bezeichnet die längste Seite im rechtwinkligen Dreieck (die dem rechten Winkel gegenüberliegt) als Hypotenuse. Die anderen beiden Seiten als Katheten.

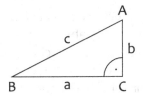

Der Satz des Pythagoras gibt eine Beziehung zwischen den drei Seitenlängen eines rechtwinkligen Dreiecks an.

$$a^2 + b^2 = c^2$$

Wenn du also zwei Seiten(längen) eines rechtwinkligen Dreiecks gegeben hast, kannst du die dritte berechnen.

$$c = \sqrt{a^2 + b^2}$$
$$a = \sqrt{c^2 - b^2}$$
$$b = \sqrt{c^2 - a^2}$$

Du kannst den Satz des Pythagoras beweisen, indem du das gegebene Dreieck in zwei rechtwinklige Dreiecke aufteilst.

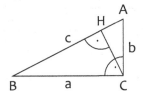

Diese sind, da die Winkel gleich sind, zum ursprünglichen Dreieck ähnlich.

$$\triangle ABC \cong \triangle BCH \cong \triangle CAH$$

Die Fläche des großen Dreiecks ist die Summe der Flächen der beiden kleinen Dreiecke.

$$F_{\triangle ABC} = F_{\triangle BCH} + F_{\triangle CAH}$$

Da die Dreiecke zueinander ähnlich sind, ist die Fläche jeweils eine (gleiche) Konstante mal das Quadrat der Länge der längsten Seite.

$$mc^2 = ma^2 + mb^2$$

Durch Division durch die Konstante erhältst du den Satz des Pythagoras.

$$c^2 = a^2 + b^2$$

Wodurch ist die Form eines rechtwinkligen Dreiecks bestimmt?

Wenn du bei einem rechtwinkligen Dreieck einen weiteren Winkel gegeben hast, kennst du auch den dritten Winkel, denn die Summe der Winkel in einem Dreieck beträgt 180°.

$$\alpha + \beta + 90° = 180°$$
$$\Rightarrow \beta = 90° - \alpha$$

Wenn du also in einem rechtwinkligen Dreieck einen weiteren Winkel kennst, dann kennst du die Form des Dreiecks, d.h. das Dreieck bis auf Ähnlichkeit (reine Größenveränderung durch Streckung).

Daher sind wegen der Strahlensätze die Seitenverhältnisse durch den Winkel festgelegt. Wie die Seitenverhältnisse von dem Winkel abhängen, sagen dir die trigonometrischen Funktionen.

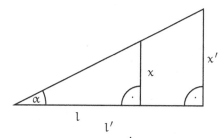

Strahlensatz: $\dfrac{x}{l} = \dfrac{x'}{l'}$

Wie berechnest du die Seitenlängen eines rechtwinkligen Dreiecks aus Winkeln?

Zunächst ein paar Bezeichnungen:

Die Hypotenuse ist die längste Seite im rechtwinkligen Dreieck, sie liegt dem rechten Winkel gegenüber. Wir bezeichnen sie im Folgenden mit H.

Den Winkel, den wir vorgeben, bezeichnen wir mit α. Er ist der Winkel zwischen der Hypotenuse und einer Kathete, die wir An-kathete nennen, weil der Winkel dort an-liegt.
Die Kathete, die dem Winkel α gegen-überliegt, nennen wir Gegen-kathete.

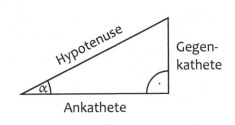

Die trigonometrischen Funktionen Sinus, Kosinus und Tangens ermöglichen dir, bei einem rechtwinkligen Dreieck aus der Kenntnis eines Winkels und einer Seitenlänge die restlichen Seitenlängen zu berechnen.

Gegeben α, H; gesucht G: Sinus
Gegeben α, H; gesucht A: Kosinus
Gegeben α, A; gesucht G: Tangens

Die gleichen Funktionen nimmst du, wenn die gegebenen und gesuchten Größen vertauscht sind.

Wie ist der Sinus definiert und wie berechnest du ihn?

Der Sinus des Winkels α ist definiert als Verhältnis von Gegenkathete zu Hypotenuse.

$$\sin(\alpha) = \frac{G}{H}$$

Du siehst, dass $\sin(0°) = 0$: Wenn der Winkel $0°$ ist, ist das Dreieck ein horizontaler Strich, die Gegenkathete hat die Länge 0.

$$\frac{H}{A}$$

$$G = 0 \Rightarrow \sin(0°) = 0$$

Analog ist $\sin(90°) = 1$: Wenn der Winkel $90°$ ist, ist das Dreieck ein vertikaler Strich, die Gegenkathete hat dieselbe Länge wie die Hypotenuse.

$$H \mid G$$

$$G = H \Rightarrow \sin(90°) = 1$$

Für $\alpha = 45°$ ist das rechtwinklige Dreieck gleichschenklig. Wenn die beiden Katheten die Länge 1 haben, hat die Hypotenuse nach Pythagoras die Länge $\sqrt{1^2 + 1^2} = \sqrt{2}$. Daher ist $\sin(45°) = \frac{\sqrt{2}}{2}$.

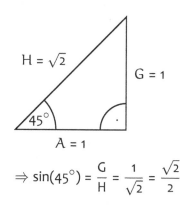

$$\Rightarrow \sin(45°) = \frac{G}{H} = \frac{1}{\sqrt{2}} = \frac{\sqrt{2}}{2}$$

Wie berechnest du sin(30°) und sin(60°)?

Für α = 30° betrachtest du ein gleichseitiges Dreieck mit Seitenlänge 1, das spiegelbildlich zur Horizontalen liegt. Du erkennst, dass die Gegenkathete die halbe Länge der Hypotenuse hat.

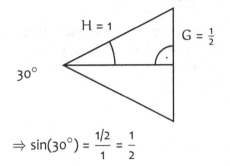

$$\Rightarrow \sin(30°) = \frac{1/2}{1} = \frac{1}{2}$$

Zur Berechnung von sin(60°) betrachtest du den Winkel rechts oben in dem Dreieck. Die Gegenkathete ist nun die horizontale Strecke, diese hat nach Pythagoras die Länge $G = \sqrt{1^2 - (\frac{1}{2})^2} = \sqrt{\frac{3}{4}} = \frac{1}{2}\sqrt{3}$.

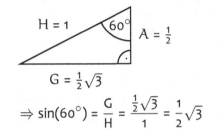

$$\Rightarrow \sin(60°) = \frac{G}{H} = \frac{\frac{1}{2}\sqrt{3}}{1} = \frac{1}{2}\sqrt{3}$$

Diese fünf Werte von der letzten und dieser Seite kannst du dir wie rechts einfach merken. Hinter dem Muster steckt allerdings nichts Tieferes.

α	$\sin(\alpha)$
0°	$\frac{\sqrt{0}}{2} = 0$
30°	$\frac{\sqrt{1}}{2} = \frac{1}{2}$
45°	$\frac{\sqrt{2}}{2}$
60°	$\frac{\sqrt{3}}{2}$
90°	$\frac{\sqrt{4}}{2} = 1$

Was sind Kosinus und Tangens?

Der Kosinus des Winkels α ist definiert als Verhältnis von Ankathete zu Hypotenuse.

$$\cos(\alpha) = \frac{A}{H}$$

Der Tangens des Winkels α ist definiert als Verhältnis von Gegenkathete zu Ankathete.

$$\tan(\alpha) = \frac{G}{A}$$

Du siehst, dass der Tangens einfach der Sinus dividiert durch den Kosinus ist.

$$\tan(\alpha) = \frac{G}{A} =$$

$$= \frac{G/H}{A/H} = \frac{\sin(\alpha)}{\cos(\alpha)}$$

Wenn du den Satz des Pythagoras auf das Dreieck anwendest, findest du eine Beziehung zwischen Sinus und Kosinus. Dabei haben wir, wie es oft üblich ist, statt $\sin(\alpha)$ kürzer $\sin\alpha$ und statt $(\sin(\alpha))^2$ kürzer $\sin^2\alpha$ geschrieben.

$$\sin^2\alpha + \cos^2\alpha = \left(\frac{G}{H}\right)^2 + \left(\frac{A}{H}\right)^2 =$$

$$= \frac{G^2 + A^2}{H^2} = \frac{H^2}{H^2} = 1$$

Damit kannst du den Kosinus durch den Sinus ausdrücken.

$$\cos^2\alpha = 1 - \sin^2\alpha$$

$$\cos\alpha = \pm\sqrt{1 - \sin^2\alpha}$$

Das Vorzeichen hängt von dem Quadranten des Winkels α ab.

So kannst du alle trigonometrische Funktionen durch eine ausdrücken, hier der Einfachheit für den ersten Quadranten, in dem alle trigometrischen Funktionen positiv sind, und durch Sinus ausgedrückt.

$$\cos\alpha = \sqrt{1 - \sin^2\alpha}$$

$$\tan\alpha = \frac{\sin\alpha}{\cos\alpha} = \frac{\sin\alpha}{\sqrt{1 - \sin^2\alpha}}$$

Wo findest du Sinus und Kosinus am Einheitskreis?

Es ist hilfreich, sich sin, cos und tan am Einheitskreis zu merken, also in dem Fall, dass die Hypotenuse = 1 ist, dann sind diese trigonometrischen Funktionen einfach Längen von Dreiecksseiten.

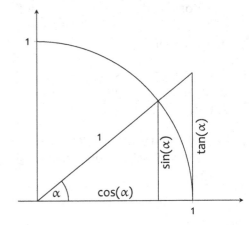

Du kannst dir nun vorstellen, wie diese Längen sich verändern, wenn du den Winkel veränderst. Du erhältst den Graphen der Sinus- bzw. Kosinusfunktion, wenn du die Punkte $(\alpha, \sin(\alpha))$ bzw. $(\alpha, \cos(\alpha))$ in ein Koordinatensystem einzeichnest.

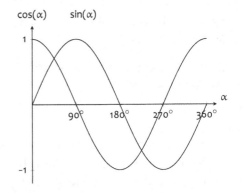

72

Wo helfen dir der Kosinussatz und der Sinussatz?

Der Kosinussatz ist die Verallgemeinerung des Satzes des Pythagoras, wenn der Winkel nicht 90° ist. Die Herleitung ist mit dem Vorangegangenen möglich, aber für das Verständnis nicht wichtig.

$$c^2 = a^2 + b^2 - 2ab\cos(\gamma)$$

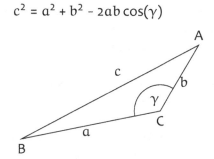

Für $\gamma = 90°$ erhältst du den Satz des Pythagoras zurück.

$$\gamma = 90° \Rightarrow \cos(\gamma) = 0$$
$$\Rightarrow c^2 = a^2 + b^2$$

Für $\gamma < 90°$ ist die Seite c kürzer als beim rechtwinkligen Dreieck.

$$\gamma < 90° \Rightarrow \cos(\gamma) > 0$$
$$\Rightarrow c^2 = a^2 + b^2 - 2ab\cos(\gamma) < a^2 + b^2$$

Für $\gamma > 90°$ ist die Seite c länger als beim rechtwinkligen Dreieck.

$$\gamma > 90° \Rightarrow \cos(\gamma) < 0$$
$$\Rightarrow c^2 = a^2 + b^2 - 2ab\cos(\gamma) > a^2 + b^2$$

Für $\gamma = 180°$ ist die Seite c die Summe aus a und b.

$$\gamma = 180° \Rightarrow \cos(\gamma) = -1$$
$$\Rightarrow c^2 = a^2 + b^2 + 2ab = (a + b)^2$$

Der Sinussatz sagt aus, dass der Quotient aus Sinus des Winkels und gegenüberliegender Seite für alle Winkel-Seiten-Paare im Dreieck gleich groß ist.

$$\frac{\sin(\alpha)}{a} = \frac{\sin(\beta)}{b} = \frac{\sin(\gamma)}{c}$$

Du kannst ihn leicht für zwei Winkel-Seiten-Paare verstehen, wenn du die Höhe auf die dritte Seite einzeichnest.

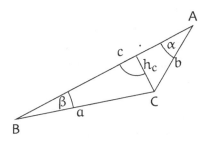

$$h_c = a\sin(\beta) = b\sin(\alpha)$$
$$\Rightarrow \frac{\sin(\alpha)}{a} = \frac{\sin(\beta)}{b}$$

Was hat Fläche mit Multiplizieren zu tun?

Wenn du 3 mit 5 multiplizierst, dann entspricht dies 3 Reihen mit 5 Punkten, also 15 Punkten.

Wenn du dir anstelle jedes Punkts ein kleines Quadrat vorstellst, dann ist die Gesamtanzahl der Quadrate gleich dem Produkt der Anzahl der Quadrate auf der Längsseite mit der auf der Breitseite.

Als Flächeninhalt bezeichnet man nun die Anzahl der Einheitsquadrate. Wenn ein Einheitsquadrat die Länge 1 cm hat und folglich die Fläche 1 cm², hat ein Rechteck mit Kantenlängen a cm und b cm die Fläche $(a\,\text{cm}) \cdot (b\,\text{cm}) = ab\,\text{cm}^2$.

$$F = 3\,\text{cm} \cdot 2\,\text{cm} = 6\,\text{cm}^2$$

Um den Flächeninhalt einer anderen Fläche zu berechnen, muss man diese geeignet auf Rechtecke zurückführen.

Ein Dreieck kann man längs der Höhe in zwei Dreiecke zerlegen. Damit sieht man, dass die Fläche eines Dreiecks die Hälfte der Fläche des Rechtecks aus Grundseite und Höhe ist.

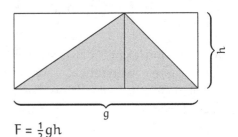

$$F = \tfrac{1}{2}gh$$

Bei krummlinig begrenzten Flächen braucht man i. A. unendlich viele Rechtecke, dies führt zur Integralrechnung.

Wie kannst du dir die binomische Formeln mit Flächen merken?

Wenn du das Quadrat in der binomischen Formel $(a+b)^2 = a^2 + 2ab + b^2$ als Fläche interpretierst, kannst du die Formel visualisieren. Du erhältst das große Quadrat $(a + b)^2$, indem du zu dem Quadrat a^2 zweimal die Rechtecke ab addierst und einmal das kleine Quadrat b^2.

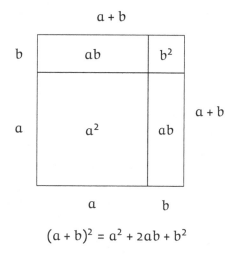

$$(a + b)^2 = a^2 + 2ab + b^2$$

Bei der zweiten binomischen Formel $(a - b)^2 = a^2 - 2ab + b^2$ siehst du in der Abbildung, dass du von dem großen Quadrat zunächst zweimal die Fläche des Rechtecks mit den Seitenlängen a und b und die Fläche ab (dicker Rand) abziehen musst.

Dann hast du aber das kleine Quadrat b^2 doppelt abgezogen und musst es folglich wieder einmal dazu addieren.

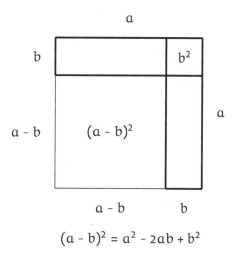

$$(a - b)^2 = a^2 - 2ab + b^2$$

Wie berechnest du ein Volumen?

Beim Volumen ist es genau wie bei der Flächenberechnung, nur dass du drei Zahlen miteinander multiplizierst, Breite, Länge und Höhe.

$$V = 2 \cdot 2 \cdot 2 = 2^3$$
$$V = a \cdot a \cdot a = a^3$$

Bei einem Prisma oder einem Zylinder ist das Volumen einfach die Grundfläche mal der Höhe. Das kannst du verstehen, indem du dir den Körper in kleine Stäbe aufgeteilt denkst, deren Volumen als Quader jeweils Grundfläche mal Höhe ist.

$$V = \pi r^2 \, h$$

Bei Pyramide und Kegel ist das Volumen ein Drittel mal Grundfläche mal Höhe (analog zur Formel Dreiecksfläche = einhalbmal Grundseite mal Höhe).

Dass hier ein Dittel steht, hängt damit zusammen, dass ein Volumen dreidimensional ist. Man kann es durch Integrieren verstehen oder auch durch Zerlegung eines Quaders in drei gleichgroße Pyramiden.

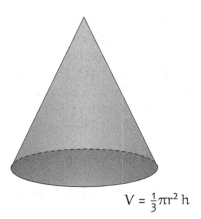

$$V = \tfrac{1}{3}\pi r^2 \, h$$

Das Kugelvolumen ergibt sich analog als ein Drittel mal Oberfläche mal Radius. Warum die Oberfläche einer Kugel $4\pi r^2$ ist, erklären wir nicht.

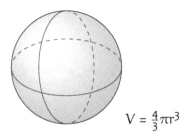

$$V = \tfrac{4}{3}\pi r^3$$

Was haben Potenzen mit Dimensionen zu tun?

Du beginnst mit einem Punkt.

Wenn du den Punkt um a verschiebst, erhältst du eine Strecke der Länge a.

Wenn du die Strecke der Länge a senkrecht um a verschiebst, erhältst du ein Quadrat der Fläche a^2. Darum nennt man „hoch zwei nehmen" auch quadrieren.

Wenn du das Quadrat der Seitenlänge a senkrecht um a verschiebst, erhältst du einen Würfel des Volumens a^3.

Auch die entsprechende Einheit trägt die Potenz. So kannst du in abstrakter Weise weitermachen. Der Exponent ist die Dimension.

Längeneinheit: 1 cm
Flächeneinheit: 1 cm^2
Volumeneinheit: 1 cm^3

Wenn du eine Länge bzw. Fläche bzw. Volumen um einen Faktor s streckst, wächst die entsprechende Größe um den Faktor s^d, wobei die Dimension $d = 1, 2, 3$ ist. Dies gilt nicht nur für Quadrate und Würfel, sondern für jede Fläche und jedes Volumen.

Längenskalierung: $(sa)^1 = s \cdot a$
Flächenskalierung: $(sa)^2 = s^2 \cdot a^2$
Volumenskalierung: $(sa)^3 = s^3 \cdot a^3$

Wie du siehst, wächst die Fläche mit der zweiten Potenz, das Volumen mit der dritten. Daher wächst die Oberfläche langsamer als das Volumen.

Ein Bär hat ein besseres Verhältnis Körpervolumen (Wärmeerzeugung) zu Hautoberfläche (Wärmeabgabe) als eine Maus, daher gibt es Eisbären, aber keine Eismäuse.

Was ist π und wozu brauchst du diese Zahl?

Der Umfang eines Kreises ist proportional zum Radius. Wenn du den Radius verdoppelst, verdoppelt sich auch der Umfang.

$$U \sim r$$

Die Proportionalitätskonstante ist 2π. Dies kann man als Definition für π verwenden.

$$U = 2\pi r$$
Es ergibt sich $\pi = 3{,}141592653\ldots$

Es gibt viele Reihendarstellungen für π, hier als Beispiele eine von Leibniz (1682) bzw. Madhava (14. Jh.) und eine von Ramanujan (1914).

$$\frac{\pi}{4} = \sum_{n=1}^{\infty} \frac{(-1)^n}{2n+1} = 1 - \frac{1}{3} + \frac{1}{5} - \frac{1}{7} + \ldots$$

$$\frac{1}{\pi} = \frac{2\sqrt{2}}{9801} \sum_{n=0}^{\infty} \frac{(4n)!(1103 + 26390n)}{(n!)^4 396^{4n}}$$

Es gibt auch einfach zu merkende und sehr genaue Näherungsformeln, meist reicht die erste.

$$\pi \approx 3{,}14$$
$$\pi \approx \frac{9}{5} + \sqrt{\frac{9}{5}} = 3{,}141640786\ldots$$
$$\pi \approx \frac{355}{113} = 3{,}141592920\ldots$$

Die Zahl π brauchst du bei der Berechnung des Flächeninhalts eines Kreises. Warum diese Formel gilt, kannst du auf der übernächsten Seite verstehen.

$$F = \pi r^2$$

Die Oberfläche einer Kugel enthält auch π, ebenso das Volumen der Kugel.

$$O = 4\pi r^2$$
$$V = \frac{4}{3}\pi r^3$$

Die Zahl π tritt nicht nur in der Geometrie, sondern auch in vielen anderen Bereichen der Mathematik auf.

Gauß'sche Normalverteilung:

$$\varphi(x) = \frac{1}{\sqrt{2\pi}} e^{-\frac{x^2}{2}}$$

Was ist Radiant und wieso ist diese Einheit praktisch?

Wenn du nur ein Stück des Kreisumfangs mit Winkel α hast, dann ist die Bogenlänge nur der entsprechende Teil des Gesamtumfangs.

$$U(\alpha) = \frac{\alpha}{360°} \cdot U(360°) =$$

$$= \frac{\alpha}{360°} \cdot 2\pi r = \alpha \frac{\pi}{180°} r$$

Den Winkel, bei dem die Bogenlänge des Einheitskreissektors gleich 1 ist, bezeichnet man als 1 Radiant.

$$1 \, rad = \frac{180°}{\pi}$$

Die Bogenlänge ist dann einfach der Winkel in Radiant multipliziert mit dem Radius.

$$U = \alpha r$$
α in rad

Die Angabe von Winkeln in Radiant ist häufig und vor allem in der Analysis sehr praktisch.

$30°$	$45°$	$60°$	$90°$	$180°$	$360°$
$\frac{\pi}{6}$	$\frac{\pi}{4}$	$\frac{\pi}{3}$	$\frac{\pi}{2}$	π	2π

Wenn man einen Winkel in Radiant angibt, lässt man einfach das Gradzeichen weg. Die Einheit rad schreibt man nur sehr selten.

$$\alpha = \frac{\pi}{2}, \quad \beta = \pi$$

$$\sin\left(\frac{\pi}{2}\right) = 1, \quad \sin(\pi) = 0$$

Wie berechnest du die Fläche eines Kreises?

Die Kreisfläche F ist proportional zum Quadrat des Radius. Die Proportionalitätskonstante ist π.

$$F = \pi r^2$$

Um dies zu verstehen, teilen wir die Kreisfläche in n Tortenstücke auf, rechts für $n = 20$.

Wenn du diese abwechselnd nach oben und nach unten zeigend aufreihst, entsteht eine rechtecks-ähnliche Fläche.

$\approx r$

$\approx \pi r$

Ihre Länge ist ungefähr der halbe Umfang des Kreises ($2\pi r/2 = \pi r$) und ihre Höhe ist ungefähr der Radius (r).

Dies gilt, da die obere und untere Kante aus dem Umfang besteht.

Für $n \rightarrow \infty$ wird die Abweichung beliebig klein. Daher ist die Fläche des Kreises gleich πr^2.

Für $n \rightarrow \infty$ folgt
$F = \pi r \cdot r = \pi r^2$.

Wozu brauchst du ein Koordinatensystem?

Mit einem Koordinatensystem kannst du Punkten in der Ebene eineindeutig zwei reelle Zahlen als Koordinaten zuordnen, und umgekehrt. Dadurch ergibt sich eine sehr nützliche Brücke zwischen Geometrie und Algebra bzw. Analysis.

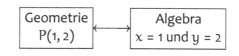

Am einfachsten und häufigsten verwendet man das kartesische Koordinatensystem. Das sind zwei aufeinander senkrecht stehende Zahlenstrahlen.

Der x-Wert zeigt an, wie weit rechts ($x > 0$) oder links ($x < 0$) ein Punkt liegt; der y-Wert zeigt an, wie weit oben ($y > 0$) oder unten ($y < 0$) ein Punkt liegt.

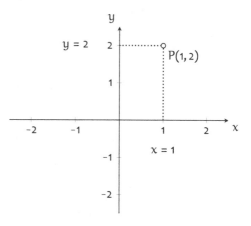

Die x-Achse sind die Punkte, die in Bezug auf oben/unten in der Mitte liegen, also alle Punkte mit $y = 0$.

Die y-Achse sind die Punkte, die in Bezug auf rechts/links in der Mitte liegen, also alle Punkte mit $x = 0$.

Der Punkt, der in beiden Dimensionen in der Mitte liegt, ist der Schnittpunkt von x- und y-Achse, also ist hier $y = x = 0$.

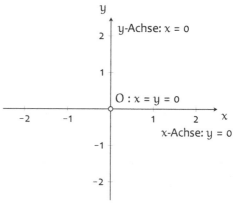

Den Abstand eines Punktes vom Ursprung kannst du mit dem Satz des Pythagoras berechnen, ebenso den zwischen zwei Punkten.

$$|OP| = \sqrt{x^2 + y^2}$$
$$|P_1 P_2| = \sqrt{(x_2 - x_1)^2 + (y_2 - y_1)^2}$$

81

Lösen von Sach- und Anwendungsaufgaben

Mathematik hat unglaublich viele Anwendungen.

In der Natur und der Technik steckt Mathematik. Mit Mathematik kann man Naturereignisse wie Sonnenfinsternisse (sehr präzise) oder Vulkanausbrüche (nur mit Wahrscheinlichkeiten) vorhersagen.

Mit Mathematik können andere Wissenschaften die Natur zähmen und letztendlich aus Sand und Öl und ein paar anderen Zutaten Handys bauen mit Navigations- und Übersetzungsapps.

Sachaufgaben sind einfache Anwendungen.

Du löst sie, indem du sie in Mathematik übersetzt, das Problem innerhalb der Mathematik löst und dann zurückübersetzt.

Für das Übersetzen braucht man eigentlich Wissen aus anderen Wissenschaften; die Beispiele im Folgenden sind aber so einfach, dass Alltagswissen genügt.

© Der/die Autor(en), exklusiv lizenziert an Springer-Verlag GmbH, DE, ein Teil von Springer Nature 2023
A. Gründers, *Mathe übersichtlich: Von den Basics bis zur Analysis*, https://doi.org/10.1007/978-3-662-67184-9_6

Was hat Mathematik mit der Wirklichkeit zu tun?

Man ist nicht darüber einig, ob Mathematik unabhängig von dem Menschen existiert und von Menschen nur entdeckt wird oder ob sie von Menschen erfunden wird.

Mathematik:
Entdeckt oder erfunden?

Überraschend ist in jedem Fall, wie gut Mathematik gewisse Aspekte dessen, was wir als Wirklichkeit bezeichnen, quantitativ beschreiben und vorhersagen kann. Rechts ist jeweils nur eine zentrale Person mit Veröffentlichungsjahr angegeben.

Planetengesetze (Kepler 1619)
Elektrodynamik (Maxwell 1865)
Relativitätstheorie (Einstein 1916)
Quantentheorie (Schrödinger 1926)

Mit Mathematik kann man manche Eigenschaften von Elementarteilchen in einer erstaunlichen Übereinstimmung mit dem Experiment berechnen. In die Berechnung gehen mehr als 10 000 Vielfachintegrale aus sogenannten Feynman-Graphen ein.

magnetisches Moment des Elektrons (dimensionslos = g-Faktor):

theoretisch: $g = 2,002\,319\,304\ldots$
experimentell: $g = 2,002\,319\,304\ldots$

Mathematik in Verbindung mit anderen Wissenschaften ist Grundlage vieler wissenschaftlicher Entdeckungen und technischer Errungenschaften.

Mathematik
+ Thermodynamik: Benzinmotor
+ Elektrodynamik: Elektromotor
+ Halbleiterelektronik: Handy
+ Informatik: maschinelles Lernen

Wie löst du Sachaufgaben?

Sachaufgaben beziehen sich auf die Realität. Um eine Sachaufgabe zu lösen, musst du sie in Mathematik übersetzen, ein Modell erstellen. Du hast die Frage dann mathematisch formuliert.

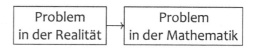

Anschließend löst du die mathematische Frage.

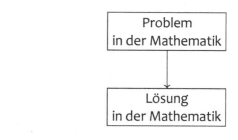

Danach übersetzt du die Lösung aus dem mathematischen Modell wieder in die Realität zurück.

Wenn du alles zusammennimmst, entsteht ein Modellierungsquadrat.

Die letzte Kante entsteht dadurch, dass sich aus der Lösung in der Realität eine präzisere oder erweiterte Fragestellung ergeben kann. Mit diesem Problem kann das Quadrat dann erneut durchlaufen werden.

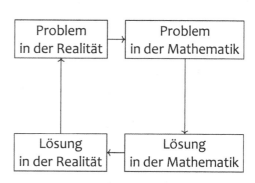

Wie übersetzt du ein Problem in die Mathematik?

Um das Problem in Mathematik zu übersetzen:

- Lies den Text ganz genau.

Eineinhalb Hühner legen an eineinhalb Tagen eineinhalb Eier. Wie viele Eier legt ein Huhn an einem Tag?

- Schaue bei jedem Satz, was du erfährst, und schreibe es mathematisch auf.

Gegeben:
Anzahl der Hühner: 1,5
Anzahl der Tage: 1,5
Anzahl der Eier: 1,5
Anzahl der Hühner in der Frage: 1
Anzahl der Tage in der Frage: 1

- Bezeichne bekannte Größen mit Buchstaben, etwa $a, b, \dots$ oder auch l für Länge oder ähnlich, und gib ihren Wert an. Schreibe sie unter „Gegeben" auf.

Gegeben:
$H_1 = 1{,}5$, $T_1 = 1{,}5$ $E_1 = 1{,}5$
$H_2 = 1$, $T_2 = 1$

- Verstehe, was die gesuchten Größen sind und bezeichne sie auch mit Buchstaben, etwa $x, y, \dots$. Schreibe sie unter „Gesucht" auf.

Gesucht:
Anzahl der Eier E_2

- Stelle eine Beziehung zwischen den Variablen her. Oft ist sinnvoll, eine Skizze anzufertigen.

Idee: Die Eierlegzahl pro Tag und Huhn ist konstant.
Also: Eierlegzahl $= \dfrac{E_1}{H_1 \cdot T_1} = \dfrac{E_2}{H_2 \cdot T_2}$

Wie löst du das Problem in der Mathematik?

Um das Problem in der Mathematik zu lösen:

- Prüfe, ob du alle Informationen zu dem gegebenen Sachverhalt und den gesuchten Größen aus dem Text gefunden hast.

- Das merkst du daran, dass die Aufgabe auch rein mathematisch Sinn ergibt, lösbar erscheint und nichts fehlt.

- Überlege, um was für eine Art von mathematischem Problem es sich handelt. Musst du Gleichungen lösen oder besondere Werte bestimmen, etwa ein Minimum?

- Oft ergeben sich aus der Fragestellung unausgesprochen weitere Bedingungen. Schreibe diese auch auf, mit den Variablenbezeichnungen, die du eingeführt hast.

- Überlege, welche Methoden du kennst, um die Gleichung zu lösen.

- Löse die Gleichung. Überprüfe die Lösung anhand der ursprünglichen Gleichung. Setze die Lösung dort ein und überprüfe auch die weiteren Bedingungen, die du dir überlegt hast.

(Fortführung des Beispiels)

Gleichung: $\dfrac{E_1}{H_1 \cdot T_1} = \dfrac{E_2}{H_2 \cdot T_2}$

Gegeben:

$H_1 = 1{,}5,\ T_1 = 1{,}5,\ E_1 = 1{,}5$

$H_2 = 1,\ T_2 = 1$

Gesucht: E_2

Ok, eine Gleichung für eine Unbekannte.

Lösen einer Gleichung

Die Anzahl der Eier sollte positiv sein ($E_2 > 0$).
Sie muss nicht eine natürliche Zahl sein, das war sie in der Fragestellung auch nicht, da es um gemittelte Werte geht.

Auflösung der Gleichung nach E_2 durch Multiplikation mit $H_2 \cdot T_2$

$$E_2 = H_2 \cdot T_2 \cdot \frac{E_1}{H_1 \cdot T_1} =$$
$$= 1 \cdot 1 \cdot \frac{1{,}5}{1{,}5 \cdot 1{,}5} = \frac{1}{1{,}5} = \frac{1}{\frac{3}{2}} = \frac{2}{3}$$

Die Lösung erfüllt die ursprüngliche Gleichung und ist positiv.

Wie übersetzt du die Lösung zurück in die Realität?

Um die Lösung aus der Mathematik zurück in die Realität zu bringen:

- Formuliere die Lösung als einen Satz mit den Wörtern aus der Aufgabenstellung.

- Überlege, ob die Lösung Sinn gibt, ob sie dir anschaulich plausibel erscheint.

- Gib an, wenn dir einfällt, was man aus der Lösung noch schließen könnte.

- Gegebenenfalls, wenn das Ergebnis das Problem noch nicht zufriedenstellend löst: Formuliere eine verfeinerte Fragestellung.

(Fortführung des Beispiels)

Ausgehend von den Angaben der Aufgabenstellung ergibt sich, dass im Durchschnitt ein Huhn an einem Tag 2/3 Eier legt.

Ja, die Lösung gibt Sinn, aus der Aufgabenstellung ergibt sich schnell, dass ein Huhn an eineinhalb Tagen ein Ei legt, also an einem Tag weniger als ein Ei.

Die durchschnittliche Zahl der Eier, die H Hühner an T Tagen legen, beträgt $\frac{2}{3} \cdot H \cdot T$.

Wenn ein Huhn an einem Tag im Durchschnitt 2/3 Eier legt: An welchem Anteil der Tage legt das Huhn ein Ei, an welchem kein Ei? Wie ändert sich das, wenn es an einem gewissen Anteil von Tagen 2 Eier legt?

Wofür hilft der Dreisatz?

Es kommt häufig vor, dass, wenn du eine Größe verdoppelst, sich dann auch eine andere Größe verdoppelt.

Wenn dies nicht nur für den Faktor 2, sondern für jeden Faktor gilt, heißen die Größen proportional zueinander.

Man schreibt dafür eine einfache Schlangenlinie „~". Bitte verwechsle sie nicht mit der doppelten Schlangenlinie „≈" für ungefähr.

Wenn zwei Größen einander zugeordnet sind, schreibt man manchmal das Entsprichtzeichen „≅", das in der Geometrie auch kongruent bedeutet.

Wenn du zwei Größen hast, die zueinander proportional sind, und für die erste Größe die zweite gegeben hast, kannst du die zweite Größe auch dann einfach ausrechnen, wenn die erste Größe einen anderen Wert hat.

Du schreibst zunächst hin, was du weißt. Dann rechnest du auf eine Maßeinheit um.
Als drittes (Dreisatz) rechnest du auf die gesuchte Menge um.

Natürlich hättest du auch einfach mit dem Faktor multiplizieren können, um den der zweite Wert größer (oder kleiner) ist.

Doppelt so viel kostet das Doppelte. Ein doppelt so großes Quadrat hat den doppelten Umfang.

Der Preis ist proportional zur Menge.
Der Umfang ist proportional zur Seitenlänge.

$U \sim a$ (proportional)
$\frac{1}{3} \approx 0{,}33$ (ungefähr)

2 kg entsprechen 3 €.
2 kg $\cong$ 3 €

2 kg Kartoffeln kosten 3 €.
Wieviel € kosten 3 kg Kartoffeln?

2 kg $\cong$ 3 €
1 kg $\cong$ 1,50 €
3 kg $\cong$ 4,50 €

$$3 \text{ kg} \cong \frac{3\text{kg}}{2\text{kg}} \cdot 3 € = 1{,}5 \cdot 3 € = 4{,}50 €$$

Wie geht Prozent- und Zinsrechnung?

Anteile gibt man oft in Prozent an. Du kannst damit einfach wie mit einer Zahl rechnen, wobei das Prozentzeichen für 1/100 = 0,01 steht.

$\% = 1\% = 0,01$

$20\% = 20 \cdot 0,01 = 0,2$

Wenn du eine Zahl in Prozent schreiben willst, multipliziere sie einfach mit der Zahl 1 (dadurch ändert sich nichts), die du als 1 = 100% schreibst.

$0,2 = 0,2 \cdot \underbrace{100\%}_{=1} = 0,2 \cdot \underbrace{100}_{=20}\% = 20\%$

Mit Promille ist es genau gleich, nur dass ein Promille für 1/1000 = 0,001 steht.

$0,035 = 0,035 \cdot \underbrace{1000‰}_{=1} =$

$= \underbrace{0,035 \cdot 1000}_{=35}‰ = 35‰$

Wenn du von einem Grundwert ausgehst, dann bezeichnet man den Anteil, der zu einem Prozentsatz gehört, als Prozentwert.

Grundwert: 100 € (Ladenpreis)
Prozentsatz: 19% (Steuersatz)
Prozentwert: 19 € (Steuer)

Der Prozentwert hat die gleiche Einheit wie der Grundwert, ihr Verhältnis zueinander ist der Prozentsatz.

$19\ € : 100\ € = \frac{19}{100} = 0,19 = 19\%$

Bei der Zinsrechnung ist der Grundwert das Anfangskapital, der Prozentsatz ist der Zinssatz und der Prozentwert sind die Zinsen.

Grundwert: 100 € (Kapital)
Prozentsatz: 3% (Zinssatz pro Jahr)
Prozentwert: 3 € (Zinsen nach 1 Jahr)

Wenn das Kapital mehrere Jahre angelegt wird, werden auch die Zinsen verzinst, d. h. im zweiten Jahr werden Kapital und Zinsen verzinst.

Kapital am Anfang: 100 €
Kapital nach 1 Jahr:
$100\ € + 3\% \cdot 100\ € = 1,03 \cdot 100\ €$
Kapital nach 2 Jahren: $= 1,03^2 \cdot 100\ €$

Wie geht Zinseszinsrechnung?

Zins bedeutet, dass du auf ein gewisses Kapital (das du jemandem leihst) einen Anteil (entsprechend dem Zinssatz) zusätzlich zu dem geliehenen Kapital zurück erhältst.

Kapital K, z. B. 100 € (Kapital)
Prozentsatz: p, z. B. 3% = 0,03
Kapital im Jahr 1: $(1 + p)K$, z. B. 103 €

Bei Zinseszins leihst du dem Schuldner auch die Zinsen, daher bekommst du im zweiten Jahr auch auf die Zinsen Zinsen usw.

Kapital im Jahr 1: $(1 + p)K$
Kapital im Jahr 2: $(1 + p)^2 K$
...
Kapital im Jahr n: $(1 + p)^n K$

Wenn du berechnen willst, wie lange es dauert, bis sich dein Kapital bei einem gewissen Zinssatz verdoppelt hat, kannst du das durch Logarithmieren herausbekommen.

Verdopplung: $(1 + p)^n K = 2K$ $\quad | : K$

$(1 + p)^n = 2$ $\quad | \log$

$n \log(1 + p) = \log(2)$ $\quad | : \log(1 + p)$

$$n = \frac{\log(2)}{\log(1 + p)}$$

Hier siehst du die Anzahl der Jahre für einige Prozentsätze. Für kleine Prozentsätze ist die Dauer ungefähr 69,3 Jahre durch den Prozentwert.

p	1%	2%	3%	5%	10%
n	69,7	35,0	23,4	14,2	7,3

Wieso sind Einheiten wichtig?

Bisher haben wir mit Zahlen gerechnet.

Geometrische und physikalische Größen sind aber keine reinen Zahlen, sondern haben eine Einheit.

Ein Tisch ist nicht 1 lang, er ist 1 Meter lang.

Eine Einheit ist eine festgelegte Bezugsgröße.

Meter, Sekunde, Kilogramm abgekürzt: m, s, kg

5 Meter = 5 · 1 Meter = 5 m

Man gibt Längen, Flächen, Massen etc. als Vielfache der Einheit an. Dabei lässt man den Multiplikationspunkt weg.

Man kann Einheiten umrechnen.

1 m = 100 cm

Wenn man Potenzen von Einheiten wie Quadratmeter oder Kubikmeter umrechnet, muss man den Faktor auch potenzieren.

$1 \, m^2 = (1 \, m)^2 = (100 \, cm)^2$
$= (100)^2 \, cm^2 = 10000 \, cm^2$

Du kannst mit Einheiten also wie mit Faktoren rechnen.

Wie viel ist 1 km/h in m/s?

$$1 \, \frac{km}{h} = 1 \, \frac{1000 \, m}{60 \cdot 60 \, s} =$$
$$= \frac{5}{18} \, \frac{m}{s} \approx 0{,}278 \, \frac{m}{s}$$

Prozent ist in diesem Sinn gewissermaßen eine einheitenlose Einheit, ebenso Radian (die man oft weglässt) und das Gradzeichen.

$1 \, \% = 0{,}01$

$$1 \, rad = \frac{180^\circ}{\pi} \approx 57{,}3^\circ$$

Wie kannst du mit Einheiten Formeln überprüfen oder sogar herleiten?

Wenn du eine Anwendungsformel hast, kannst du mithilfe der Einheiten prüfen, ob du richtig gerechnet hast. Das ist eine gute Kontrolle.

Zeit für freien Fall $t = \sqrt{\frac{2h}{g}}$,
für $h = 10\,m$ und $g = 9{,}81\frac{m}{s^2}$:
$t = \sqrt{\frac{20\,m}{9{,}81\frac{m}{s^2}}} \approx \sqrt{2{,}04\,\frac{m\,s^2}{m}} = 1{,}43\,s$

Wenn du eine Formel für die Periodendauer T eines Pendels auf einem Planeten bestimmen willst, dann enthält das Problem nur drei Größen: Die Länge des Pendels l, die Masse m, die du hinhängst, und die Gewichtskraft G der Masse.

$[T] = s$
$[l] = m$
$[m] = kg$
$[G] = N = \frac{m\,kg}{s^2}$

Du machst den Ansatz, dass die Periodendauer ein Produkt aus Potenzen von Länge, Masse und Gewichtskraft ist.

$T \sim l^a m^b G^c$

$\Rightarrow$ für die Einheiten:
$s = m^a \cdot kg^b \cdot (\frac{m\,kg}{s^2})^c$

Wenn du die Exponenten der Einheiten links und rechts vergleichst, erhältst du drei Gleichungen.

Exponent von s: $1 = -2c$
Exponent von m: $0 = a + c$
Exponent von kg: $0 = b + c$

Du kannst die 3 Gleichungen einfach auflösen, beginnend bei der ersten.

$c = -\frac{1}{2}, a = \frac{1}{2}, b = \frac{1}{2}$

Damit erhältst du ein Gleichung für die Periodendauer.

$T \sim \sqrt{\frac{l \cdot m}{G}}$

Wenn du noch weißt, dass Gewicht und Masse proportional zueinander sind, erhältst du die Abhängigkeit von Länge und Erdbeschleunigung.

$G = mg, g = 9{,}81\frac{m}{s^2}$

$T \sim \sqrt{\frac{l}{g}}$

Nur den korrekten Vorfaktor, hier 2π, kannst du so nicht herausbekommen.

$T = 2\pi\sqrt{\frac{l}{g}}$

Funktionen

Wenn eine Größe von einer anderen abhängt, beschreibt man dies mithilfe von Funktionen.

Eine Funktion bildet in eindeutiger Weise eine Zahl auf eine andere Zahl ab, sie ordnet einer unabhängigen Variablen eine abhängige Variable zu.

Die Verwendung von Funktionen und die Untersuchung ihrer Eigenschaften ist eine ganz wesentliche Vorgehensweise in der Mathematik und ihren Anwendungen.

Man kann damit viele Fragen formulieren und beantworten, z. B., wie eine Größe indirekt von einer anderen abhängt, oder wann eine Größe in Abhängigkeit einer anderen maximal wird.

An einigen Stellen verwende ich Grenzwerte und Ableitungen, die später ausführlich erklärt werden. Du kannst die entsprechenden Stellen überspringen, wenn dir die Begriffe nichts sagen.

Wenn der Wertebereich keine Zahlen sind, sondern andere mathematische Objekte, spricht man allgemeiner von einer Abbildung. Wir beschränken uns hier auf Funktionen.

Auch Addition und Multiplikation sind Funktionen, der Ausdruck $a + b$ ist die Kurzschreibweise für eine Funktion zweier Variablen $add(a, b)$.

© Der/die Autor(en), exklusiv lizenziert an Springer-Verlag GmbH, DE, ein Teil von Springer Nature 2023
A. Gründers, *Mathe übersichtlich: Von den Basics bis zur Analysis*,
https://doi.org/10.1007/978-3-662-67184-9_7

Was ist eine Funktion?

Oft hängt eine Variable von einer anderen Variablen ab. Man nennt die unabhängige Variable gerne x und die abhängige Variable y.

x: (oft) unabhängige Variable
y: (oft) abhängige Variable

Man schreibt $y = f(x)$ und nennt f eine Funktion. Die Klammern zeigen, dass du die Funktion f von x nimmst.

$y = f(x)$
f: Funktion
x: Argument, steht in Klammern

Das Ergebnis der Anwendung der Funktion f auf einen konkreten Wert x bezeichnet man als $f(x)$.

$f(x)$: Ergebnis der Anwendung von f auf x
$f(x) = x^2 \Rightarrow f(3) = 9$

Manchmal lässt man die Klammern weg. Das sollte man aber besser nicht tun, nur in Ausnahmefällen.

$f(x) = \sin(x)$, manchmal auch $\sin x$
$g(x) = \sin(2x)$, manchmal auch $\sin 2x$

Manche mathematischen Zeichen haben eine Art Klammer eingebaut, etwa den Wurzelstrich oder die Hochstellung des Arguments.

$f(x) = \sqrt{x + 3}$
$g(x) = 2^{x+3}$

Eine Funktion ist eine Zuordnung von einer Definitionsmenge (hier $\mathbb{R}$) in einen Wertebereich (hier auch $\mathbb{R}$). Dabei wird jedem Element der Definitionsmenge genau ein Element des Wertebereichs zugeordnet.

$$f : \mathbb{R} \to \mathbb{R}$$
$$x \mapsto f(x) = x^2$$

Die Definitionsmenge ist die Menge, für die man die Funktion definieren will und kann. Es müssen etwa die Nullstellen des Nenners ausgeschlossen sein.

$$f : \mathbb{R} \setminus \{0\} \to \mathbb{R}$$
$$x \mapsto \frac{1}{x}$$

Man kann den Definitionsbereich auch dahinterschreiben, als Menge oder als Bedingung.

$$f(x) = \frac{1}{x}, x \in \mathbb{R} \setminus \{0\}$$
$$f(x) = \frac{1}{x}, x \in \mathbb{R}, x \neq 0$$

Wie kannst du eine Funktion darstellen?

Eine Funktion, d. h. eine Abhängigkeit einer Variablen y von einer unabhängigen Variablen, kannst du auf verschiedene Weisen darstellen.

Du kannst z. B. eine Rechenvorschrift angeben und den Definitionsbereich von x.

$$y = f(x) = x^2, \quad x \in \mathbb{R}$$

Wenn x nur wenige Werte annehmen kann oder du nur wenige Werte darstellen willst, kannst du eine Tabelle verwenden.

x	0	1	2	3	4
$f(x) = x^2$	0	1	4	9	16

Wenn x eine reelle Zahl ist, bietet sich eine graphische Darstellung an. Du zeichnest für jeden x-Wert einen Punkt $P(x, y)$ mit dem entsprechenden x- und y-Wert in ein Koordinatenkreuz.

Wenn x die reellen Zahlen durchläuft, erhältst du ganz viele Punkte, die z. B. auf einer Linie liegen können. Auf diese Weise entsteht der sogenannte Graph der Funktion.

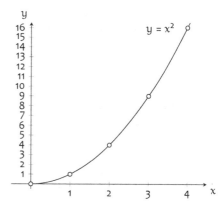

Es ist hilfreich, wenn du zwischen Rechenvorschrift und graphischer Darstellung gut hin- und herwechseln kannst.

Was bedeutet injektiv und surjektiv?

Bei einer Funktion wird jedem Element der Definitionsmenge genau ein Element des Wertebereichs zugeordnet.

$f : \mathbb{R} \to \mathbb{R}, x \mapsto f(x) = x^2$
$$2 \mapsto 4$$
f ist eine Funktion.

Eine Zuordnung, die einem Element der Definitionsmenge zwei Elemente zuordnet, definiert keine Funktion.

$f : \mathbb{R} \to \mathbb{R}, x \mapsto y$ mit $y^2 = x$
$$4 \mapsto \pm 2$$
f ist keine Funktion.

Die Begriffe injektiv und surjektiv charakterisieren eine Funktion ausgehend von ihrem Wertebereich.

Wichtig ist die Anzahl der x-Werte, die es zu einem y-Wert gibt:
$$|\{x \in D \mid f(x) = y\}|$$

Eine Funktion $f : D \to W, x \mapsto f(x)$ heißt injektiv, wenn es zu jedem $y \in W$ maximal ein x gibt mit $y = f(x)$.

$|\{x \in D \mid f(x) = y\}| \leq 1$ für alle $y \in W$
$\quad f : \mathbb{R}_{\geq 0} \to \mathbb{R}, x \mapsto y = f(x) = x^2$
$\quad |\{x \in \mathbb{R}_{\geq 0} \mid x^2 = 4\}| = |\{2\}| = 1 \leq 1$
f ist injektiv.

Wenn es ein $y \in W$ gibt, das Funktionswert von zwei verschiedenen $x \in D$ ist, dann ist die Funktion nicht injektiv.

$\quad f : \mathbb{R} \to \mathbb{R}, x \mapsto y = f(x) = x^2$
$\quad |\{x \in \mathbb{R}_{\geq 0} \mid x^2 = 9\}| = |\{\pm 3\}| = 2 \nleq 1$
f ist nicht injektiv.

Eine Funktion $D \to W, x \mapsto f(x)$ heißt surjektiv, wenn es zu jedem $y \in W$ mindestens ein x gibt mit $y = f(x)$.

$|\{x \in D \mid f(x) = y\}| \geq 1$ für alle $y \in W$
$\quad f : \mathbb{R} \to \mathbb{R}_{\geq 0}, x \mapsto y = f(x) = x^2$
$\quad |\{x \in \mathbb{R} \mid x^2 = 9\}| = |\{3\}| = 1 \geq 1$
f ist surjektiv.

Wenn es ein $y \in W$ gibt, zu dem sich kein $x \in D$ finden lässt mit $y = f(x)$, dann ist die Funktion nicht surjektiv.

$\quad f : \mathbb{R} \to \mathbb{R}, x \mapsto y = f(x) = x^2$
$\quad |\{x \in \mathbb{R} \mid x^2 = -1\}| = |\{\}| = 0 \ngeq 1$
f ist nicht surjektiv.

Eine visuelle Darstellung der Begriffe findest du in der Übersicht am Ende des Kapitels.

Was bedeutet bijektiv?

Eine Funktion $D \to W, x \mapsto y = f(x)$ heißt bijektiv, wenn es zu jedem $y \in W$ genau ein x gibt mit $y = f(x)$.

$|\{x \in D | f(x) = y\}| = 1$ für alle $y \in W$

Eine Funktion ist also genau dann bijektiv, wenn sie injektiv und surjektiv ist.

(injektiv: $|\{x \in D | f(x) = y\}| \leq 1$ und
surjektiv: $|\{x \in D | f(x) = y\}| \geq 1$)
$\Leftrightarrow$ bijektiv: $|\{x \in D | f(x) = y\}| = 1$

Jedem x-Wert entspricht genau ein y-Wert und jedem y-Wert entspricht genau ein x-Wert.

Man sagt statt bijektiv daher auch eineindeutig.

Wenn eine Funktion bijektiv ist, lässt sie sich umkehren, man kann eine Umkehrfunktion definieren, die jedem $y \in W$ ein eindeutiges $x \in D$ zuordnet, sodass $y = f(x)$. Man bezeichnet die Umkehrfunktion häufig als f^{-1}.

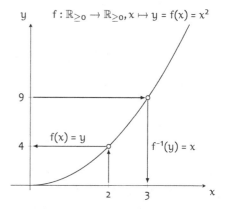

Wenn eine Funktion nicht injektiv ist, kann sie nicht bijektiv sein.

$f : \mathbb{R} \to \mathbb{R}, x \mapsto f(x) = x^2$
$(-2)^2 = 2^2 = 4$
(verschiedene x, gleiches y)
$\Rightarrow$ f nicht injektiv
$\Rightarrow$ f nicht bijektiv

Wenn eine Funktion nicht surjektiv ist, kann sie nicht bijektiv sein.

$f : \mathbb{R}_{\geq 0} \to \mathbb{R}, x \mapsto f(x) = \dfrac{1}{1 + x^2}$
$\Rightarrow f(x) \leq 1$
$\Rightarrow$ Es gibt kein x mit $f(x) = 2$
$\Rightarrow$ f nicht surjektiv
$\Rightarrow$ f nicht bijektiv

Wie kommst du von einer linearen Funktion zu der entsprechenden Geraden?

Der Graph einer linearen Funktion ist eine Gerade. Wenn du sie zeichnen willst, brauchst du nur zwei Punkte.

$f(x) = 2x + 1$ oder $g : y = 2x + 1$

Am einfachsten ist, du nimmst als ersten x-Wert $x_1 = 0$.

$y_1 = f(x_1) = f(0) = 2 \cdot 0 + 1 = 1$
also erster Punkt $P_1(0, 1)$

Und als zweiten x-Wert nimmst du $x_2 = 1$.

$y_2 = f(x_2) = f(1) = 2 \cdot 1 + 1 = 3$
also zweiter Punkt $P_2(1, 3)$

Da der erste x-Wert null ist, liegt dein erster Punkt P_1 auf der y-Achse.

Den zweiten Punkt zeichnest du auch in das Koordinatensystem ein.

Wenn du beide verbindest, erhältst du die Gerade.

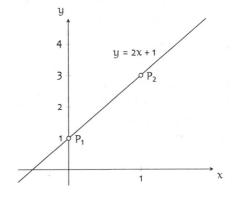

Wenn der Koeffizient vor dem x positiv ist, verläuft die Gerade von links unten nach rechts oben, sie steigt. Wenn der Koeffizient negativ ist, verläuft die Gerade von links oben nach rechts unten, sie fällt.

Wenn der Koeffizient null ist, ist die Gerade $y = c$ eine Parallele zur x-Achse, für positives c oberhalb der x-Achse, für negatives c unterhalb.

Was ist die Steigung einer Geraden und wo ist das Steigungsdreieck?

Wenn du einen Punkt auf einer Geraden nimmst und ein Stück nach rechts gehst und dann entsprechend nach oben oder unten, erhältst du ein Dreieck, das man als Steigungsdreieck bezeichnet.

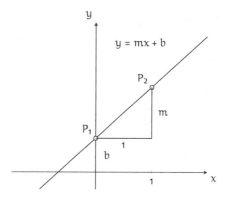

Am einfachsten ist, wenn du $x = 0$ als ersten Punkt nimmst und um 1 nach rechts gehst.

Bei der Geraden $y = mx + b$ hat das Steigungsdreieck dann die beiden Kathetenlängen 1 und m.

Die Steigung der Geraden ist definiert als das Verhältnis von Gegenkathete zu Ankathete.

$$\frac{m}{1} = m$$

Die Steigung ist daher der Tangens des Winkels, den die Gerade mit der x-Achse einschließt.

$$m = \tan(\alpha)$$

Du kannst auch ein Dreieck mit anderen Seitenlängen verwenden. Wenn die Ankathete $\Delta x = x_2 - x_1$ und die Gegenkathete $\Delta y = y_2 - y_1$ ist, ergibt sich die Steigung zu $m = \Delta y / \Delta x$.

$$m = \frac{\Delta y}{\Delta x} = \frac{y_2 - y_1}{x_2 - x_1}$$

Wie kommst du noch von einer linearen Funktion zu der entsprechenden Geraden?

Du kannst auch einen anderen x-Wert in die Geradengleichung einsetzen, z. B. wenn die Steigung ein Bruch ist, ein x-Wert, bei dem sich der Nenner herauskürzt, sodass du einen glatten y-Wert erhältst.

$$f(x) = -\frac{1}{3}x + 2$$

$$x_1 = 0 \Rightarrow y_1 = 2, \quad P_1(0, 2)$$

$$x_2 = 3 \Rightarrow y_2 = -\frac{1}{3} \cdot 3 + 2 = 1, \quad P_2(3, 1)$$

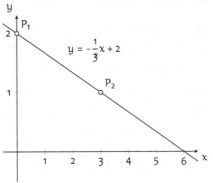

Du kannst als zweiten Punkt auch den Schnittpunkt mit der x-Achse nehmen. Dazu setzt du y = 0 und löst nach x auf.

$$f(x) = -\frac{1}{3}x + 2$$

$$x_1 = 0 \Rightarrow y_1 = 2, \quad P_1(0, 2)$$

$$y_2 = -\frac{1}{3}x_2 + 2 = 0$$

$$\frac{1}{3}x_2 = 2 \Rightarrow x_2 = 6, \quad P_2(6, 0)$$

Wie kommst du von einer Geraden in der Ebene zu ihrer Gleichung?

Es kommt darauf an, was du gegeben hast.

Wenn du den Achsenabschnitt auf der y-Achse und die Steigung gegeben hast, kannst du die Gleichung der Geraden direkt in der Achsenabschnitts-Steigungs-Form angeben.

$y(x) = mx + b$
m ist die Steigung
b ist der Abschnitt auf der y-Achse

Damit kannst du alle Geraden in der Ebene angeben, außer den Geraden parallel zur y-Achse. Die Gleichungen der Parallelen lauten $x = a$.

$x = 0$ ist die y-Achse
$x = 1$ ist die Parallele zur y-Achse
$\quad$ durch $P(1, 0)$

Wenn du zwei Punkte gegeben hast, ist es am einfachsten, du setzt beide Punkte in die allgemeine Geradengleichung ein und löst das so entstandene lineare Gleichungssystem nach m und b auf.

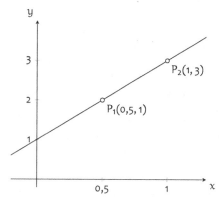

$y = mx + b$
$P(0,5, 2) \Rightarrow 2 = 0,5m + b$
$P(1, 3) \Rightarrow 3 = m + b$

Subtraktion beider Gleichungen voneinander:

$\Rightarrow 1 = 0,5m \Rightarrow m = 2$
$\Rightarrow 3 = 2 + b \Rightarrow b = 1$

$y = 2x + 1$

103

Wie stellst du die Achsenabschnittsform einer Geraden auf?

Wenn du den Achsenabschnitt a auf der x-Achse und den Achsenabschnitt b auf der y-Achse gegeben hast, kannst du die Achsenschnittsform direkt angeben.

$$\frac{x}{a} + \frac{y}{b} = 1$$

a: x-Achsenabschnitt
b: y-Achsenabschnitt

In der Achsenabschnittsform kannst du die Gleichungen aller Geraden angeben, die nicht zu einer der beiden Koordinatenachsen parallel sind.

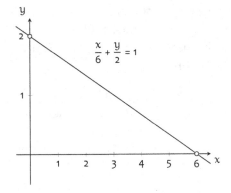

Die Gleichungen der Parallelen zur x-Achse lauten $\frac{y}{b} = 1$, du lässt den Term mit x weg, da gewissermaßen der x-Achsenabschnitt unendlich ist. Analog lauten die Gleichungen der Parallelen zur y-Achse $\frac{x}{a} = 1$.

Parallele zur y-Achse:
$$\frac{y}{b} = 1 \Rightarrow y = b$$

Parallele zur x-Achse:
$$\frac{x}{a} = 1 \Rightarrow x = a$$

Du kannst die Achsenabschnittsform natürlich durch Auflösen nach y leicht in die Achsenabschnitts-Steigungs-Form umrechnen.

$$\frac{x}{a} + \frac{y}{b} = 1$$
$$\Rightarrow y = b\left(1 - \frac{x}{a}\right) = -\frac{b}{a}x + b$$

Wie lautet die Gleichung der Normalparabel in unverschobener und verschobener Form?

Die einfachste quadratische Funktion ist $y = x^2$.

x	-2	-1	0	1	2
$y = x^2$	4	1	0	1	4

Den Graphen nennt man Normalparabel. Den Punkt mit größter Krümmung nennt man den Scheitel S. Bei der Normalparabel ist das $S = (0, 0)$, das Minimum.

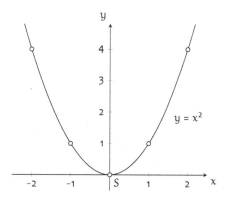

Wenn du zu dem y-Wert der Normalparabel eine Zahl addierst, verschiebt sich die Parabel um diesen Wert in y-Richtung. Ist er positiv, verschiebt sich die Parabel nach oben; ist er negativ, verschiebt sie sich nach unten.

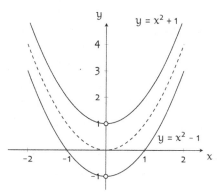

Wenn du x durch $x - a$ ersetzt, verschiebt sich die Parabel um a nach rechts: Vorher war der Scheitel bei $x = 0$, jetzt ist er bei $x - a = 0$, also $x_S = a$. Beachte, dass du bei $x - \ldots$ nach rechts verschiebst. Wenn du etwa x durch $x + 1 = x - (-1)$ ersetzt, hat die Parabel ihren Scheitel bei $x_S = -1$, d. h. du verschiebst nach links.

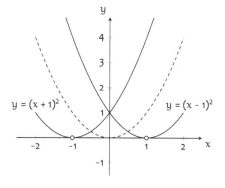

Wie kommst du von einer quadratischen Funktion zu der entsprechenden Parabel, und umgekehrt?

Die Normalparabel mit Scheitel bei $S = (a, b)$ ist um a nach rechts verschoben und um b nach oben, ihre Gleichung ist $y = (x - a)^2 + b$.

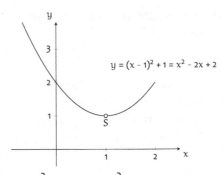

$y = (x - 1)^2 + 1 = x^2 - 2x + 2$

Wenn du eine Gleichung der Form $y = x^2 + px + q$ hast, kannst du sie durch quadratische Ergänzung auf die Form $y = (x - a)^2 + b$ bringen und die Koordinaten des Scheitels $S(a, b)$ dann direkt ablesen.

$y = x^2 - 2x + 2 = x^2 - 2x + 1 - 1 + 2$
$\Rightarrow y = (x - 1)^2 + 1$
$\Rightarrow$ Scheitel $S(1, 1)$

Zusätzlich zu der Verschiebung kann eine Parabel auch noch in y-Richtung gestreckt oder gestaucht sein. Die Gleichung der gestreckten oder gestauchten Normalparabel ist $y = kx^2$. Für $k > 1$ ist sie gestreckt, für $0 < k < 1$ ist sie gestaucht, für $k < 0$ an der y-Achse gespiegelt und je nach $|k|$ gestaucht oder gestreckt.

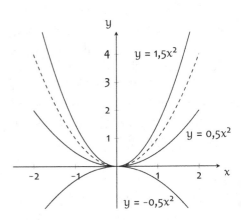

$y = 1{,}5x^2$

$y = 0{,}5x^2$

$y = -0{,}5x^2$

Um eine quadratische Funktion $y = Ax^2 + Bx + C$ zu zeichnen, bringst du sie in die Form $y = k(x - x_S)^2 + y_S$. Dazu klammerst du zuerst den Faktor A aus und gehst dann wie oben vor. Du kannst dann den Scheitel $S = (x_S, y_S)$ ablesen und den Streckfaktor $k = A$.

$y = 2x^2 - 8x - 6$
$\quad = 2(x^2 - 4x - 3)$
$\quad = 2(x^2 - 4x + 4 - 4 + 3)$
$\quad = 2(x - 2)^2 - 2$
$\Rightarrow$ Scheitel $S(2, 2)$, Streckfaktor 2

Wie stellst du fest, ob eine Funktion achsen- oder punktsymmetrisch ist?

Bei einer zur y-Achse symmetrischen Funktion ist der y-Wert identisch, wenn du x durch $-x$ ersetzt.

$f(-x) = f(x)$
$\Rightarrow$ achsensymmetrisch zur y-Achse
$f(x) = x^2 - x^4$:
$f(-x) = (-x)^2 - (-x)^4 = x^2 - x^4 = f(x)$

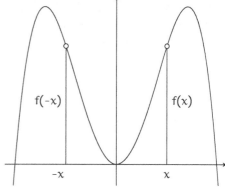

Bei einer zum Ursprung punktsymmetrischen Funktion ändert der y-Wert sein Vorzeichen und bleibt vom Betrag gleich, wenn du x durch $-x$ ersetzt.

$f(-x) = -f(x)$
$\Rightarrow$ punktsymmetrisch zum Ursprung
$f(x) = x - x^3$:
$f(-x) = (-x) - (-x)^3 = -x + x^3 = -f(x)$

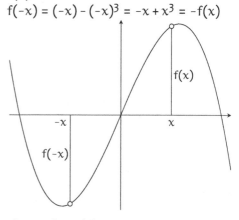

Auf ähnliche Weise kannst du feststellen, ob eine Funktion zu $x = a$ achsensymmetrisch bzw. zu $P(a, b)$ punktsymmetrisch ist.

$f(2a - x) = f(x)$
$\Rightarrow$ achsensymmetrisch zu $x = a$
$f(2a - x) = 2b - f(x)$
$\Rightarrow$ punktsymmetrisch zu $P(a, b)$

Wie verschiebst du Funktionen?

Beliebige Funktionen verschiebst du ganz analog zu Parabeln.

Wenn du zu dem y-Wert eine Zahl addierst, verschiebt sich der Graph um diese Zahl, und zwar nach oben, wenn die Zahl positiv ist, nach unten, wenn sie negativ ist.

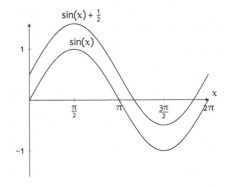

Wenn du x im Argument der Funktion durch x − a ersetzt, verschiebt sich der Graph um a nach rechts (achte auf das Vorzeichen), da die ursprüngliche Stelle x = 0 nun die neue Stelle x − a = 0, also x = a ist.

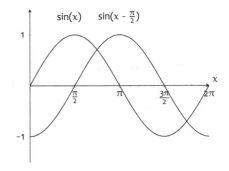

Wie streckst du Funktionen in y-Richtung?

Um eine Funktion in y-Richtung zu strecken, multiplizierst du die Werte mit einem Faktor größer als 1.

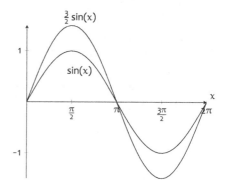

Ist der Faktor kleiner als 1, so wird die Funktion in y-Richtung gestaucht.

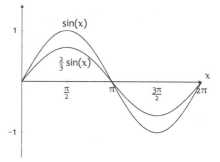

Ist der Faktor negativ, so wird die Funktion an der x-Achse gespiegelt und mit dem Betrag des Faktors in y-Richtung gestreckt bzw. gestaucht.

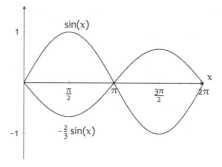

Wie streckst du Funktionen in x-Richtung?

Um eine Funktion in x-Richtung zu strecken, ersetzt du x durch x/a, mit einem Faktor a > 1. Du musst hier x durch den Faktor divieren. Das ist wie bei der Verschiebung, wo du von x etwas abziehen musst.

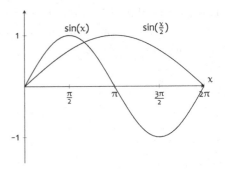

Um eine Funktion in x-Richtung zu stauchen, ersetzt du x durch x/a mit einem Faktor a < 1.

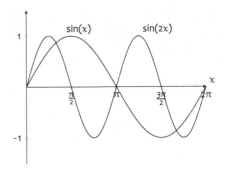

Bei Graphen von Potenzfunktionen lassen sich Streckungen/Stauchungen in x- und y-Richtung ineinander umrechnen. Bei einer Parabel entspricht einer Streckung um a in y-Richtung einer Stauchung um $1/\sqrt{a}$ in x-Richtung.

$y = x^2$

$y = 2x^2$: Streckung um Faktor 2 in y-Richtung

$y = (x/(1/\sqrt{2})^2 = 2x^2$: Stauchung um Faktor $1/\sqrt{2}$ in x-Richtung

Wie spiegelst du Funktionen an der Winkelhalbierenden?

Die Spiegelung an der Winkelhalbierenden $y = x$ von x- und y-Achse bedeutet, dass x- und y-Achse sich vertauschen und somit auch die x- und y-Koordinaten der Punkte.

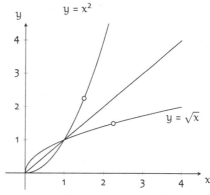

$f(x) = y = x^2$ | Vertausche x und y.
$x = y^2$ | $\sqrt{}$ Löse nach y auf.
$\sqrt{x} = y$ | Schreibe y nach links.
$y = \sqrt{x} = f^{-1}(x)$: Umkehrfunktion

Um daher die an der Winkelhalbierenden gespiegelte Funktion zu erhalten, musst du in der Gleichung $y = f(x)$ die Variablen x und y vertauschen und dann wieder nach y auflösen.

Die an der Winkelhalbierenden gespiegelte Funktion nennt man die Umkehrfunktion, man bezeichnet sie oft mit f^{-1}.

f^{-1} Umkehrfunktion:
$f^{-1}(f(x)) = f(f^{-1}) = x$
Die Schreibweise kann missverständlich sein. Es ist nicht die Funktion hoch -1, also $1/f$.

Damit man die Umkehrfunktion bilden kann, muss die ursprüngliche Funktion monoton sein, was man falls nötig durch Einschränkung des Definitionsbereichs erreicht.

x^2 kann man für $x > 0$ umkehren, nicht für $x \in \mathbb{R}$.

$\sin(x)$ kann man für $x \in [-\pi/2, \pi/2]$ umkehren, nicht für $x \in \mathbb{R}$.

Einige Umkehrfunktionen werden häufig benötigt und haben sogar eigene Namen.

$f(x)$	$f^{-1}(x)$
x^2	$\sqrt{x}$
x^n	$x^{1/n} = \sqrt[n]{x}$
$1/x$	$1/x$
a^x	$\log_a(x)$
e^x	$\ln(x)$
$\sin(x)$	$\arcsin(x)$

Wann stehen Geraden aufeinander senkrecht?

Wenn du eine Gerade mit Steigung m an der Winkelhalbierenden spiegelst, dann ist die Steigung der gespiegelten Geraden der Kehrwert, $m' = 1/m$.

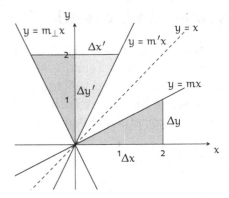

Das siehst du, wenn du die Steigungsdreiecke anschaust, es vertauschen sich Ankathete und Gegenkathete, d. h. Δx und Δy.

$$m' = \frac{\Delta y'}{\Delta x'} = \frac{\Delta x}{\Delta y} = \frac{1}{\frac{\Delta y}{\Delta x}} = \frac{1}{m}$$

Du kannst auch in der Geradengleichung x und y vertauschen, so bildet man ja die Umkehrfunktion. Wenn du dann wieder nach y auflöst, kannst du die neue Steigung ablesen.

$y = mx$
$x = my$
$my = x$
$y = \dfrac{1}{m}x = m'x \quad \text{mit} \quad m' = \dfrac{1}{m}$

Wenn du die Gerade zusätzlich noch an der y-Achse spiegelst, erhältst du eine Gerade, die senkrecht auf der ursprünglichen steht.

Dies gilt, da zwei Spiegelungen um Achsen, die sich im Winkel von $\alpha = 45°$ schneiden, eine Drehung um den Winkel $2\alpha = 90°$ ergeben.

Wenn du an der y-Achse spiegelst, geht x in $-x$ über, also auch Δx in $-\Delta x$. Damit erhältst du die Steigung der senkrecht stehenden Geraden.

$$m_\perp = \frac{\Delta y_\perp}{\Delta x_\perp} = \frac{\Delta y'}{-\Delta x'} = -m' = -\frac{1}{m}$$

Oben ist
$$m = \frac{1}{2}, \; m' = \frac{1}{m} = 2 \text{ und } m_\perp = -2.$$

Am einfachsten merkst du dir, dass das Produkt der Steigungen bei zwei aufeinander senkrechten Geraden gleich -1 ist.

$$m\,m_\perp = -1$$

Wie sehen Potenzfunktionen aus?

Die Potenzfunktionen x^n zu geradem n sind spiegelbildlich zur y-Achse, sie kommen von links oben, haben bei $x = 0$ ein Minimum und gehen dann nach rechts oben, je größer das n, desto steiler. Alle Funktionen gehen durch die Punkte $(-1, 1)$ und $(1, 1)$.

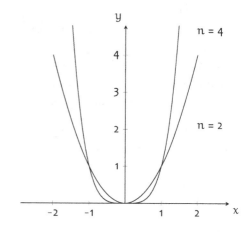

Die Potenzfunktionen x^n zu ungeradem n sind punktsymmetrisch zum Ursprung, sie kommen von links unten, haben bei $x = 0$ einen Sattelpunkt und gehen dann nach rechts oben, je größer das n, desto steiler. Alle Funktionen gehen durch die Punkte $(-1, -1)$ und $(1, 1)$.

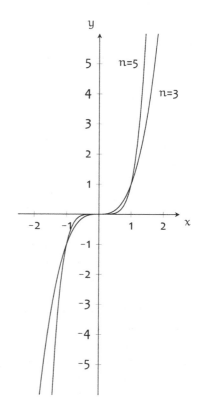

Was ist ein Polynom?

Ein Polynom ist eine Summe von (natürlichzahligen) Potenzen einer Unbekannten, die mit Zahlenfaktoren (Koeffizienten genannt) multipliziert sind. Man spricht auch von einer Polynomfunktion.

$$p(x) = a_0 + a_1 x + a_2 x^2 + \ldots + a_n x^n$$

$$p(x) = \sum_{i=0}^{n} a_i x^i$$

Es kommt dabei nicht auf die Koeffizienten oder die Anzahl der Terme an.

Beispiele für Polynome:
$$p_1(x) = x^3 - 6x^2 + 11x - 6$$
$$p_2(x) = x^5 + x^{10}$$
$$p_3(x) = 0{,}234x - 17{,}12x^6 + 7x^7$$

Wichtig ist, dass bei einem Polynom keine negativen oder gebrochenzahligen Potenzen vorkommen dürfen.

$\frac{1}{x} + x^2$ ist kein Polynom, da $\frac{1}{x} = x^{-1}$ und der Exponent negativ ist.

$\sqrt{x} + 5x$ ist kein Polynom, da $\sqrt{x} = x^{1/2}$ und der Exponent ein Bruch ist.

Den Exponenten der höchsten vorkommenden Potenz nennt man den Grad des Polynoms.

$5 - 3x$ hat den Grad 1.
$x^5 + x^{10}$ hat den Grad 10.

Ein Polynom kann man auch als Produkt von Faktoren darstellen.

$$x^3 - 6x^2 + 11x - 6 = (x - 1)(x - 2)(x - 3)$$

Wenn man komplexe Zahlen zur Verfügung hat, kann man jedes Polynom als Produkt von Linearfaktoren schreiben, aus denen man die Nullstellen direkt ablesen kann.

$$x^2 + 3x + 2 = (x + 1)(x + 2)$$
$$x^2 - 1 = (x + 1)(x - 1)$$
$$x^2 + 1 = (x + i)(x - i)$$
$$x^4 + 4 =$$
$$= (x + 1 + i)(x + 1 - i)(x - 1 + i)(x - 1 - i)$$

Wenn man nur reelle Zahlen verwendet, gibt es Polynome, die man nicht in Linearfaktoren aufspalten kann. Man kann aber jedes Polynom über $\mathbb{R}$ als Produkt von maximal quadratischen Faktoren schreiben.

$x^2 + 1 > 0$ für $x \in \mathbb{R}$
lässt sich über $\mathbb{R}$ nicht zerlegen.

$$x^4 + 4 =$$
$$= (x^2 + 2x + 2)(x^2 - 2x + 2)$$
lässt sich über $\mathbb{R}$ nicht weiter zerlegen.

Wie findest du Nullstellen von Polynomen?

Oft musst du Nullstellen von Polynomen bestimmen, etwa um ein Polynom zu zeichnen.

Die Nullstelle einer Funktion ist ein x-Wert, bei dem der y-Wert ($y = f(x)$) gleich null ist. Das ist also da, wo der Graph der Funktion die x-Achse schneidet. Rechts sind die Nullstellen $x = 0$ und $x = 1$.

Wie findest du Nullstellen?

Wenn dein Polynom in Faktoren zerlegt ist: Lass es so, multipliziere nicht aus. Du kannst dann ganz einfach die Nullstellen ablesen.

Nullst. von $f(x) = x(x - 1)$:
$x(x - 1) = 0$
$\Rightarrow x = 0$ oder $x - 1 = 0$
$\Rightarrow x_1 = 0, x_2 = 1$
sind die beiden Nullstellen.

Wenn dein Polynom von erstem Grad ist, also eine lineare Funktion: Löse die lineare Gleichung.

Nullst. von $f(x) = 3x + 5$:
$3x + 5 = 0$
$\Rightarrow 3x = -5$
$\Rightarrow x = -\frac{5}{3}$

Wenn dein Polynom von zweitem Grad ist, also ein quadratisches Polynom: Löse die quadratische Gleichung.

Nullst. von $f(x) = x^2 - 5x + 6$:
$x^2 - 5x + 6 = 0$
$\Rightarrow x_{1,2} = \frac{5 \pm \sqrt{25-24}}{2}$
$\Rightarrow x_{1,2} = \frac{5 \pm 1}{2}$
$\Rightarrow x_1 = 3, x_2 = 2$

Wenn dein Polynom höheren Grades ist, siehe unter Lösung von Gleichungen höheren Grades für exakte Methoden. Eine weitere Möglichkeit sind numerische Näherungsverfahren, teilweise auch in Taschenrechnern implementiert.

Was sind mehrfache Nullstellen?

Wenn du zwei Funktionen, die jeweils eine Nullstelle haben, aber an getrennten Stellen, miteinander multiplizierst, erhältst du eine Funktion, die an beiden Stellen eine Nullstelle hat, da o-mal irgendeine Zahl wieder 0 ist.

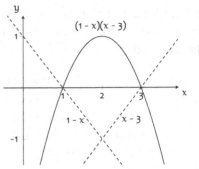

je eine Nullstelle bei $x = 1$ und $x = 3$

Wenn du zwei Funktionen, die an der gleichen Stelle eine Nullstelle haben, miteinander multiplizierst, erhältst du eine Funktion, die an dieser Stelle eine, wie man sagt, doppelte Nullstelle hat. Du kannst dir vorstellen, dass sie dadurch entstanden ist, dass die beiden Nullstellen zusammengerückt sind.

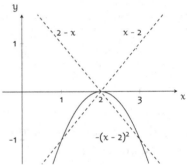

eine doppelte Nullstelle bei $x = 2$

Analog gibt es auch drei-, vier- und mehrfache Nullstellen.

$(x + 1)^3(x - 2)^2$:
eine dreifache Nullstelle bei $x = -1$

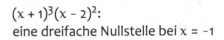

Bei einer n-fachen Nullstelle sieht die Funktion lokal wie x^n (oder $-x^n$) aus, d. h. für gerades n hat sie keinen Vorzeichenwechsel, bei ungeradem n hat sie einen Vorzeichenwechsel und je größer n ist, desto platter ist sie.

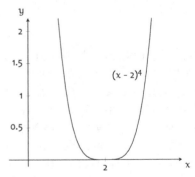

eine vierfache Nullstelle bei $x = 2$

Was sind gebrochenrationale Funktionen?

Gebrochenrationale Funktionen sind der Quotient zweier Polynome. Polynome bezeichnet man auch als ganzrationale Funktionen, daher kommt die Sprechweise.

$$y = f(x) = \frac{x^2}{x - 1}$$

Bei gebrochenrationalen Funktionen beachtest du Folgendes:

■ Die Funktion ist null, wenn der Zähler gleich null ist. Damit ist es genau wie bei Polynomen.

$$f(x) = \frac{x^2}{x - 1} = 0 \Rightarrow x^2 = 0 \Rightarrow x = 0$$

■ Die Funktion weist Definitionslücken auf, wenn der Nenner gleich null ist, da man nicht durch null dividieren kann.

$$x - 1 = 0 \Rightarrow x = 1$$
$f(x)$ ist definiert für $x \in \mathbb{R} \setminus \{1\}$.

■ Wenn der Zähler an den Definitionslücken nicht auch eine Nullstelle hat, besitzt die Funktion dort eine vertikale Asymptote, der Funktionswert rechts und links davon geht gegen $+\infty$ oder $-\infty$.

$$\lim_{\substack{x \to 1 \\ x<1}} \frac{x^2}{x - 1} = -\infty$$

$$\lim_{\substack{x \to 1 \\ x>1}} \frac{x^2}{x - 1} = +\infty$$

■ Beim Ableiten benutzt du die Quotientenregel.

$$f'(x) = \frac{2x \cdot (x - 1) - 1 \cdot x^2}{(x - 1)^2} = \frac{x^2 - 2x}{(x - 1)^2}$$

■ Um das Verhalten für $x \to \pm\infty$ herauszufinden, nutzt du Polynomdivision und berechnest den Limes.

$$f(x) = \frac{x^2}{x - 1} = x + 1 + \frac{1}{x - 1}$$

Der Graph von f nähert sich für $x \to \pm\infty$ der Geraden $x + 1$.

Wie geht Polynomdivision?

Wenn ein Polynom $p(x)$ eine Nullstelle $x = a$ hat, dann lässt es sich schreiben als $p(x) = (x - a)q(x)$, wobei $q(x)$ ein Polynom ist mit einem um eins erniedrigten Grad.

Um das Polynom $q(x)$ zu finden, musst du $p(x)$ durch $x - a$ dividieren, man spricht von Polynomdivision.

Wenn du etwa die Nullstellen von $x^3 - 6x^2 + 11x - 6$ bestimmen willst, so findest du durch Erraten (oder Ausprobieren der Teiler des Absolutglieds -6) eine Lösung $x = 1$.

Bei der Polynomdivision gehst du ähnlich wie beim schriftlichen Dividieren vor. Du schaust in dem Beispiel, wie oft $x - 1$ in x^3 passt, wobei du erstmal nur die höchste Potenz x anschaust, die Antwort ist x^2-mal. Dann multiplizierst du dieses x^2 mit $x - 1$, erhältst $x^3 - x^2$, was du abziehst. Dann verfährst du analog weiter.

Am Schluss muss es aufgehen, es bleibt eine Null in der letzten Zeile. Als Ergebnis der Division erhältst du ein quadratisches Polynom.

Dessen Nullstellen kannst du wie üblich bestimmen.

Damit erhältst du dann alle Nullstellen des kubischen Polynoms.

$x^2 - 3x + 2$ (Grad 2) hat Nullstelle $x = 1$.

Daher:
$$x^2 - 3x + 2 = (x - 1) q(x)$$
mit $q(x) = x - 2$ (Grad 1)

$$p(x) = (x - a) q(x) \Rightarrow q(x) = \frac{p(x)}{x - a}$$

$$x^3 - 6x^2 + 11x - 6 = 0$$
hat eine Lösung $x = 1$.
Daher:
Polynomdivision durch $x - 1$:

$$
\begin{array}{l}
(\quad x^3 - 6x^2 + 11x - 6\ ) : (x - 1) = x^2 - 5x + 6 \\
\underline{- x^3\ \ + x^2} \\
\qquad\ -5x^2 + 11x \\
\qquad\ \underline{5x^2 - 5x} \\
\qquad\qquad\quad 6x - 6 \\
\qquad\qquad\ \underline{-6x + 6} \\
\qquad\qquad\qquad\quad 0
\end{array}
$$

$$(x^3 - 6x^2 + 11x - 6) : (x - 1) = x^2 - 5x + 6$$
$$\Rightarrow x^3 - 6x^2 + 11x - 6 = (x - 1)(x^2 - 5x + 6)$$

$$x^2 - 5x + 6 = 0 \Rightarrow x = 2, x = 3$$

$$x^3 - 6x^2 + 11x - 6 \Rightarrow x = 1, x = 2, x = 3$$

Wie geht Polynomdivision mit Rest?

Bei einer gebrochenrationalen Funktion mit Zählergrad mindestens gleich Nennergrad kannst du die Polynomdivison anwenden.

$$\begin{array}{l}(x^2):(x-1)=x+1+\dfrac{1}{x-1}\\ \underline{-\,x^2+x}\\ x\\ \underline{-\,x+1}\\ 1\end{array}$$

Es wird im Allgemeinen nicht aufgehen. Du schreibst den Rest dann als Bruch. Die Darstellung zeigt dir das Verhalten für $x \to \pm\infty$.

Der Graph der Funktion
$$f(x) = \frac{x^2}{x-1} = x+1+\frac{1}{x-1}$$
nähert sich für $x \to \pm\infty$
der Geraden $x + 1$.

Man nennt Geraden, denen der Graph der Funktion beliebig nahe kommt, Asymptoten.
$x = 1$ ist eine vertikale Asymptote,
$y = x + 1$ eine schräge Asymptote.

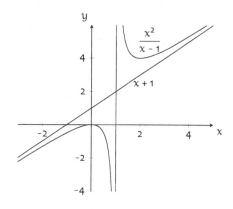

Auch andere Funktionen als gebrochenrationale können Asymptoten haben.

$f(x) = \sqrt{1+x^2}$ hat die Asymptote $y = x$ für $x \to \pm\infty$.

$f(x) = 1 + e^x$ hat die Asymptote $y = 1$ für $x \to -\infty$.

Wie sehen Exponentialfunktionen aus?

Die Exponentialfunktion a^x für $a > 1$ beginnt für negative x bei kleinen y-Werten, verläuft durch den Punkt $(0, 1)$, da $a^0 = 1$, und geht für positive x gegen ∞, je größer das a, desto steiler.

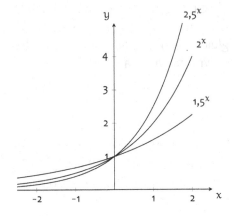

Die Exponentialfunktion a^x beginnt für $a < 1$ für negative x bei großen y-Werten, verläuft durch den Punkt $(0, 1)$, da $a^0 = 1$, und geht für positive x gegen null. Die positive x-Achse ist die Asymptote für $x \rightarrow \infty$.

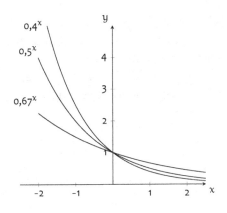

Wegen $a^{-x} = (\frac{1}{a})^x$ wird z. B. die Kurve 2^x durch Spiegelung an der y-Achse zur Kurve $0{,}5^x$.

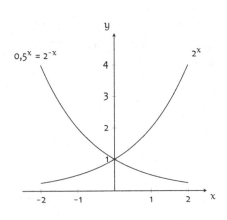

Wie sehen Logarithmusfunktionen aus?

Die Logarithmusfunktionen $\log_a(x)$ sind die Umkehrfunktionen von a^x: Sie sind nur für $x > 0$ definiert, beginnen bei kleinem x mit negativen Funktionswerten, verlaufen durch den Punkt $(1, 0)$, da $\log_a(1) = 0$ für alle a, und gehen für positive x gegen ∞, aber sehr langsam, langsamer als jede Wurzelfunktion.

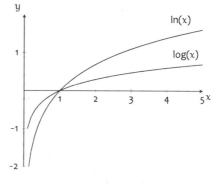

Für $x \to 0$ geht der Logarithmus gegen $-\infty$, der Graph der Logarithmusfunktionen hat die vertikale Asymptote $x = 0$.

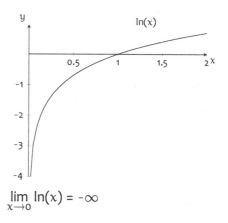

$$\lim_{x \to 0} \ln(x) = -\infty$$

Der Logarithmus ist nur für positive Werte definiert. Das schränkt den Definitionsbereich der Logarithmusfunktionen ein.

$f(x) = \ln(x), \ x > 0$
$g(x) = \ln(10 - 2x), \ x < 5$

Übersicht: Injektiv, surjektiv und bijektiv

	Beschreibung und Beispiel	Gegenbeispiel
Funktion	Jeder x-Wert hat genau einen y-Wert.	Wenn es zu einem x-Wert mehr als einen (oder keinen) y-Wert gibt, ist es keine Funktion.
injektiv	Jeder y-Wert hat maximal einen x-Wert.	Wenn es zu einem y-Wert mehr als einen x-Wert gibt, ist die Funktion nicht injektiv.
surjektiv	Jeder y-Wert hat mindestens einen x-Wert.	Wenn es zu einem y-Wert keinen x-Wert gibt, ist die Funktion nicht surjektiv.
bijektiv	Jeder y-Wert hat genau einen x-Wert.	Wenn es zu einem y-Wert mehr als einen oder keinen x-Wert gibt, ist die Funktion nicht bijektiv.
	Man kann die Pfeile umkehren und erhält die Umkehrfunktion.	Die Funktion besitzt keine Umkehrfunktion.

Folgen und Grenzwerte

Wir kommen nun zur Analysis, einem Teilgebiet der höheren Mathematik, das im 17. Jahrhundert von Leibniz und Newton begründet wurde.

Man kann die Analysis als die Zähmung des unendlich Kleinen und des unendlich Großen verstehen.

Zähmung bedeutet, dass man gewissermaßen mit unendlich kleinen Größen und unendlich großen Größen rechnen kann und dabei endliche Größen erhält.

Dies kann etwa die Steigung einer Kurve in einem Punkt sein, also die Steigung der Geraden, die durch zwei sozusagen unendlich nahe beieinander liegende Punkte der Kurve geht.

Es kann auch die Fläche unter einer Kurve sein, die man sich aus unendlich vielen unendlich schmalen Rechtecken zusammengesetzt vorstellen kann.

Um diese Begriffe präzise zu fassen, haben sich unendliche Folgen und ihre Grenzwerte bewährt, womit wir uns zunächst befassen.

© Der/die Autor(en), exklusiv lizenziert an Springer-Verlag GmbH, DE, ein Teil von Springer Nature 2023
A. Gründers, *Mathe übersichtlich: Von den Basics bis zur Analysis*,
https://doi.org/10.1007/978-3-662-67184-9_8

Wozu benutzt man Indizes?

Wenn du verschiedene Variablen hast, die Ähnliches bezeichnen, kannst du auch eine durchnummerierte Variable verwenden.

Statt $a, b, c, \ldots$ einfacher $a_1, a_2, a_3, \ldots$

Die Nummer der Variablen schreibt man rechts unten und nennt sie Index.

$a_3 \leftarrow$ Index

Wenn man all diese Variablen auf einmal betrachten will, schreibt man auch als Index eine Variable (oft i, j oder n).

a_i

Man muss angeben, welche Werte der Index annehmen kann.

Mit $a_i, i = 1, 2, 3$
ist a_1, a_2, a_3 gemeint.

Man kann damit auch n Variablen gleichzeitig bezeichnen.

Mit $a_i, i = 1, 2, \ldots, n$
ist $a_1, a_2, \ldots, a_n$ gemeint.

Wie rechnet man mit einem Summenzeichen?

Wenn man alle Variablen aus einem gewissen Indexbereich addieren möchte, kann man dies mit einem Summenzeichen (großes griechisches S) schreiben.

$$a_1 + a_2 + a_3 + a_4 = \sum_{i=1}^{4} a_i$$

Man schreibt an das Summenzeichen unten (als unterer Index), welches der erste Indexwert ist, und oben, welches der letzte Indexwert ist, über den summiert wird.

$$\sum_{i=1}^{4} \quad \begin{array}{l} 4 \leftarrow \text{oberer Indexwert} \\[4pt] \\ i{=}1 \leftarrow \text{unterer Indexwert} \end{array}$$

Man bezeichnet Anfangs- und Endwert auch als Summationsgrenzen.

Wie man die Indexvariable bezeichnet, ist egal; wichtig ist nur die Einheitlichkeit innerhalb einer Summe.

$$\sum_{i=3}^{7} a_i = \sum_{n=3}^{7} a_n = a_3 + \ldots + a_7$$

Wenn man die Summationsgrenzen verschieben will (also z. B. statt $i = 3, \ldots, 7$ über $j = i - 3 = 0, \ldots, 4$ summiert), muss man umgekehrt auch den Index anpassen.

$$\sum_{i=3}^{7} a_i = \sum_{j=0}^{4} a_{j+3}$$

Man kann den Index dann wieder umbenennen.

$$\sum_{i=3}^{7} a_i = \sum_{j=0}^{4} a_{j+3} = \sum_{i=0}^{4} a_{i+3}$$

Natürlich kann man statt über a_i auch über einen konkreten Ausdruck, der von i abhängt, summieren.

$$\sum_{i=1}^{3} i^2 = 1 + 4 + 9 = 14$$

Mit dem Summenzeichen kann man gewisse Formeln kompakt schreiben.

$$\sum_{i=1}^{n} (2i - 1) = n^2$$

z. B. für $n = 3$: $1 + 3 + 5 = 9$

Wie geht die binomische Formel für höhere Potenzen?

Eine Klammer $(a + b)^n$ mit höherem Exponenten n kannst du analog zu dem Fall $n = 2$ ausmultiplizieren.

$$(a + b)^2 = a^2 + 2ab + b^2$$
$$(a + b)^3 = a^3 + 3a^2b + 3ab^2 + b^3$$
$$(a + b)^4 = a^4 + 4a^3b + 6a^2b^2 + 4ab^3 + b^4$$

Es ergibt sich eine Summe von $n + 1$ Summanden $a^k b^{n-k}$, $k = 0, 1, \ldots, n$, wobei bei jedem Summanden die Summe der Exponenten gleich n ist.

$$(a + b)^n = \underbrace{a^n + \ldots + b^n}_{\substack{n+1 \text{ Summanden} \\ \text{der Form } a^k b^{n-k},\, k=0,\ldots,n}}$$

Um den Vorfaktor bei dem Summanden $a^k b^{n-k}$ zu bestimmen, überlegst du, wie oft es beim Ausmultiplizieren der n Klammern vorkommt, dass k-mal a auftritt und die restlichen $(n - k)$-mal b.

$$(a + b)^n = (a + b)(a + b) \cdots (a + b)$$

Wähle aus k der n Klammern a aus und aus $n - k$ Klammern b.
Für $n = 4$ und $k = 2$ gibt es 6 Möglichkeiten: $aabb + abab + abba + baab + baba + bbaa = 6a^2b^2$

Am einfachsten kannst du das so überlegen: Du kannst n beliebige Symbole auf $n! = 1 \cdot 2 \cdot 3 \cdots \cdot n$ Weisen in eine Reihenfolge bringen. $n!$ spricht man n Fakultät.

Für das erste Symbol hast du n Möglichkeiten, für das zweite noch $n - 1$, für das dritte $n - 2$, beim letzten nur noch eine. Damit hast du insgesamt $n(n - 1)(n - 2) \cdots 1 = n!$ Möglichkeiten.

Wenn k der n Symbole ein a sind und $n - k$ der Symbole ein b und diese ununterscheidbar sind, musst du noch durch die jeweilige Anzahl gleicher Anordnungen $k!$ und $(n-k)!$ dividieren.

Anzahl der Möglichkeiten für k-mal a und $(n - k)$-mal b:

$$\frac{n!}{k!\,(n - k)!} = \frac{n(n - 1) \cdots (n - k + 1)}{1 \cdot 2 \cdots k}$$

Man bezeichnet diesen Ausdruck als Binomialkoeffizienten.

$$\binom{n}{k} = \frac{n!}{k!\,(n - k)!}$$

Somit erhältst du die allgemeine Formel für $(a+b)^n$, man nennt dies auch den binomischen Satz.

$$(a + b)^n = \sum_{k=0}^{n} \binom{n}{k} a^k b^{n-k}$$

Was ist eine Folge?

Eine Folge von Zahlen ist eine Menge von Zahlen, die in einer festen Reihenfolge steht.

$$1, 2, 3, \ldots$$
$$10, 8, 6, \ldots$$

Man schreibt eine Folge in normalen Klammern, um deutlich zu machen, dass es auf die Reihenfolge ankommt (im Gegensatz zu geschweiften Klammern bei Mengen, hier kommt es nicht auf die Reihenfolge an).

$$(a_n) = (1, 2, 3, \ldots)$$

Meist bezeichnet man als Folgen nur (abzählbar) unendliche Folgen.

Eine (reelle) Folge ist also eine Abbildung der natürlichen Zahlen in die Menge der (reellen) Zahlen. Dass man das Argument als Index schreibt, ist nur eine Schreibweisenkonvention.

$$a : \mathbb{N} \to \mathbb{R}$$
$$n \mapsto a(n) = a_n$$

Man kann die Folge entweder explizit angeben (nur vom Index abhängig) oder rekursiv (von vorherigen Folgengliedern abhängig).

$$a_n = n^2 - 2n$$

$$b_n = 2b_{n-1} + n, \ b_1 = 1$$

Wenn die Folge explizit angegeben ist, kann man ein beliebiges Folgenglied (d.h. n beliebig) direkt ausrechnen.

Für $n = 3 : a_3 = 3^2 - 3 \cdot 2 = 3$

Wenn die Folge rekursiv angegeben ist, muss man die Folgenglieder der Reihenfolge nach nacheinander ausrechnen.

$b_1 = 1$ (gegeben)
$b_2 = 2b_1 + 2 = 2 \cdot 1 + 2 = 4$
$b_3 = 2b_2 + 3 = 2 \cdot 4 + 3 = 11$

Wie kannst du eine Aussage für alle natürlichen Zahlen beweisen?

Wenn du eine Gesetzmäßigkeit für z. B. 1, 2, 3, 4 beobachtest und du dich fragst, ob diese allgemein (also für alle natürliche Zahlen) gilt, kannst du wie folgt vorgehen.

$1 + 2 = 3 = \frac{1}{2} \cdot 2 \cdot 3$

$1 + 2 + 3 = 6 = \frac{1}{2} \cdot 3 \cdot 4$

$1 + 2 + 3 + 4 = 10 = \frac{1}{2} \cdot 4 \cdot 5$

Gilt $1 + 2 + \cdots + n = \frac{1}{2}n(n + 1)$?

Zeige, dass, falls sie für eine beliebige, aber feste Zahl n gilt, sie dann auch für die nächste Zahl $n + 1$ gilt. Du darfst also annehmen, dass die Aussage für ein gegebenes n korrekt ist.

Annahme:

$1 + 2 + \cdots + n = \frac{1}{2}n(n + 1)$

Addiere auf beiden Seiten $n + 1$:

$1 + 2 + \cdots + n + n + 1 = \frac{1}{2}n(n + 1) + n + 1$

Die rechte Seite ist $= \frac{1}{2}(n(n + 1) +$

$+2(n + 1)) = \frac{1}{2}(n + 1)(n + 2)$.

Dies ist die Aussage für $n + 1$.

Wenn du zusätzlich weißt, dass die Aussage für $n = 1$ gilt, dann hast du gezeigt, dass sie für alle $n \in \mathbb{N}$ gilt.

$1 = \frac{1}{2} \cdot 1 \cdot 2 = 1$ ist korrekt.

Dies nennt man das Prinzip der vollständigen Induktion. Du musst also zeigen, dass $A(1)$ gilt und dass aus der Aussage $A(n)$ die Aussage $A(n + 1)$ folgt.

Vollständige Induktion:

1. Zeige, dass $A(1)$ gilt.

2. Zeige $A(n) \Rightarrow A(n + 1)$.

Aus 1. und 2. folgt:

$A(n)$ gilt für alle $n \in \mathbb{N}$.

Die Aussage oben lässt sich auch auf direktem Weg einfach beweisen.

$S = 1 + \quad 2 \quad + \cdots + n$

$S = n + (n - 1) + \cdots + 1$

Addiere die Zahlen übereinander:

$2S = \underbrace{(n + 1) + (n + 1) + \cdots + (n + 1)}_{n\text{-mal}}$

$2S = n(n + 1) \Rightarrow S = \frac{1}{2}n(n + 1)$

Oft ist es aber so, dass sich eine Aussage mit vollständiger Induktion viel einfacher beweisen lässt als direkt oder sie sich sogar nur so beweisen lässt.

Was bedeutet es, dass eine Folge gegen null konvergiert?

Man sagt, dass eine Folge gegen null konvergiert, wenn die Folgenglieder vom Betrag für hinreichend große n beliebig klein werden.

Beliebig klein heißt dabei, dass du eine beliebige Zahl größer als Null vorgeben kannst, üblicherweise ε genannt, und die Folge ab einem gewissen Index nur noch Werte hat, deren Betrag kleiner als ε ist.

Die Folge $a_n = (-1)^n \dfrac{2}{n}$
konvergiert gegen null:
Die Folgenglieder a_n werden für $n \to \infty$ beliebig klein.

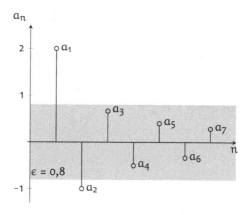

Für $\varepsilon = 0{,}8$ liegen alle a_n mit $n > 2$ in dem Streifen.

Für jedes beliebige $\varepsilon > 0$ gibt es ein N, sodass ab $n > N$ alle Folgenglieder in einem Streifen der Breite ε um die x-Achse liegen.

Für kleineres ε wird der Streifen schmaler und das nötige N wird größer.

Entscheidend ist, dass es für jedes $\varepsilon > 0$ ein entsprechendes N gibt.

Wenn die Folge gegen null konvergiert, sagt man auch, dass der Grenzwert der Folge Null ist und schreibt dies als Limes.

$$\lim_{n \to \infty} \frac{1}{n} = 0$$

lim steht für limes, lateinisch Grenze.

Die Konvergenz einer Folge macht eine Aussage über das Verhalten im Unendlichen. Es kommt nicht auf endlich viele Folgenglieder an.

$a_n = \frac{2}{n}$ für $n \geq 1$ und

$$b_n = \begin{cases} n^2 & \text{für } 1 \leq n \leq 1000 \\ \frac{2}{n} & \text{für } n \geq 1001 \end{cases}$$

haben das gleiche Konvergenzverhalten.

Wie prüfst du mit der Definition, dass eine Folge gegen null konvergiert?

Eine Folge konvergiert gegen null, wenn es für jedes $\epsilon > 0$ ein N gibt, sodass für alle $n > N$ der Betrag $|a_n|$ kleiner ϵ ist.

Für alle $\epsilon > 0$ existiert ein N, sodass $|a_n| < \epsilon$ für alle $n > N$.
$\epsilon > 0$ deshalb, weil sonst der Betrag gar nicht kleiner als ϵ sein kann.

Um dies nachzuprüfen, gibst du dir ein ϵ mit $\epsilon > 0$ vor und prüfst, ob es einen Index N gibt, ab dem alle Folgenglieder $n > N$ betragsmäßig kleiner als ϵ sind, also ob $|a_n| < \epsilon$ für alle $n > N$ gilt.

Für die Folge $a_n = \dfrac{1}{n}$:
Wenn $\epsilon = 0{,}1$, dann ist
für $n > 10$ $\quad (= N)$ der Betrag
$|a_n| = \dfrac{1}{n}$ kleiner als ϵ:
$$n > 10 \Rightarrow \frac{1}{n} < \frac{1}{10} = 0{,}1$$
Dies geht analog auch für $\epsilon = 0{,}01$, das entsprechende N ist dann 100.

Dies muss für jedes $\epsilon > 0$ gehen, man sagt auch, es muss für alle $\epsilon > 0$ gelten.

Für jedes $\epsilon > 0$ lässt sich ein N (das von ϵ abhängt) finden, sodass für $n > N$ gilt $|a_n| < \epsilon$:

Wähle $N = \dfrac{1}{\epsilon}$. Dann gilt für $n > N$:
$$|a_n| = \frac{1}{n} < \frac{1}{N} < \epsilon.$$
Beachte, dass sich beim Kehrbruchbilden das Kleinerzeichen umdreht.

Wenn dies der Fall ist, konvergiert die Folge gegen null.

$$\lim_{n \to \infty} \frac{1}{n} = 0$$

Oft ist es nicht einfach, direkt mit der Definition nachzuweisen, dass eine Folge konvergiert. Daher verwendet man häufig Grenzwertsätze, gewissermaßen Rechenregeln für Grenzwerte.

Was bedeutet es, dass eine Folge gegen einen Grenzwert konvergiert?

Wenn eine Folge gegen 0 konvergiert, bedeutet das, dass für jedes $\epsilon > 0$ ein N existiert, sodass $|a_n| < \epsilon$ für alle $n > N$.

Analog definiert man die Konvergenz gegen eine andere Zahl als die Null: Wenn alle Folgenglieder ab einem gewissen Index in einem Streifen um $\lim_{n \to \infty} a_n = a$ liegen, sagt man, dass die Folge gegen a konvergiert.

Es muss wieder zu jedem $\epsilon > 0$ ein N geben, sodass für alle $n > N$ alle a_n innerhalb des Streifens liegen.

$\lim_{n \to \infty} = 0$ gilt genau dann, wenn für alle $\epsilon > 0$ ein N existiert, sodass für alle $n > N$ gilt: $|a_n| < \epsilon$.

$\lim_{n \to \infty} a_n = a$ gilt genau dann, wenn für alle $\epsilon > 0$ ein N existiert, sodass für alle $n > N$ gilt: $|a_n - a| < \epsilon$.

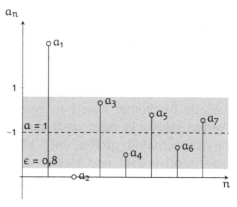

Für $\epsilon = 0{,}8$ liegen alle a_n mit $n > 2$ in dem Streifen.

Dann sagt man, dass die Folge gegen a konvergiert. Die Zahl a nennt man den Grenzwert (limes).

Wenn man sagt, dass eine Folge konvergiert, meint man damit, dass es eine reelle Zahl (also nicht ∞ oder $-\infty$) gibt, gegen die die Folge konvergiert.

Die Folge konvergiert gegen 1:
$$\lim_{n \to \infty} \frac{n + 2 \cdot (-1)^n}{n} = 1$$

Wenn (a_n) konvergiert, schreibt man:

$\lim_{n \to \infty} a_n = a$,   oder kurz
$a_n \to a \quad (n \to \infty)$.

131

Was bedeutet es, dass eine Folge divergiert?

Wenn es kein $a \in \mathbb{R}$ gibt, gegen den die Folge konvergiert, so heißt die Folge divergent, sie divergiert.

Wenn die Folge über jede Grenze anwächst, schreibt man dafür auch symbolisch, dass der Grenzwert unendlich (∞) ist (Achtung: ∞ ist keine reelle Zahl).

Analog, wenn die Folge unter jede noch so negative Zahl fällt.

Diese beiden Fälle nennt man manchmal auch bestimmte Divergenz.

Es kann aber auch sein, dass die Folge deswegen nicht konvergiert, weil sie für immer zwischen zwei Werten schwankt oder auch, dass sie abwechselnd größer wird als jede positive Zahl und kleiner als jede negative Zahl. Zudem gibt es viele andere Möglichkeiten.

Diese Folgen divergieren:
$a_n = (-1)^n : (a_n) = (-1, 1, -1, 1, \ldots)$
$b_n = n : (b_n) = (1, 2, 3, 4, \ldots)$
$c_n = (-1)^n n : (c_n) = (-1, 2, -3, 4, \ldots)$

$$\lim_{n \to \infty} n = \infty$$

$$\lim_{n \to \infty} -n = -\infty$$

Die Folgen
$(a_n) = (-1, 1, -1, 1, \ldots)$ und
$(c_n) = ((-1)^n n) = (-1, 2, -3, 4, \ldots)$
divergieren unbestimmt.

Wie stellst du fest, ob eine Folge konvergiert?

Du kannst die Konvergenz einer Folge mit der Definition überprüfen. Oft sind aber andere Wege einfacher.

Dazu musst du für jedes $\epsilon > 0$ ein N angeben, sodass $|a_n - a| < \epsilon$ für alle $n > N$ gilt.

Zunächst ist gut zu wissen, wann eine Folge von Potenzen konvergiert, nämlich genau dann, wenn der Exponent kleinergleich null ist.

$$\lim_{n\to\infty} n^\alpha = \begin{cases} 0 & \text{für} & \alpha < 0 \\ 1 & \text{für} & \alpha = 0 \\ \infty & \text{für} & \alpha > 0 \end{cases}$$

Eine negative Exponentialfunktion konvergiert für jede Basis $b > 1$ gegen null.

$$\lim_{n\to\infty} b^{-n} = 0 \quad \text{für } b > 1$$

Zudem geht sie schneller nach null als jede Potenzfunktion.

$$\lim_{n\to\infty} b^{-n} n^\alpha = 0 \quad \text{für } b > 1, \alpha \in \mathbb{R}$$

Wenn zwei Folgen konvergieren, dann konvergieren auch Summe, Differenz, Produkt und Quotient (sofern der Nenner nicht gegen null konvergiert).

Mit $\lim_{n\to\infty} a_n = a$, $\lim_{n\to\infty} b_n = b$:

$$\lim_{n\to\infty} (a_n \pm b_n) = a \pm b$$
$$\lim_{n\to\infty} (a_n \cdot b_n) = a \cdot b$$
$$\lim_{n\to\infty} \frac{a_n}{b_n} = \frac{a}{b}, \quad \text{wenn } b \neq 0$$

Mit diesen Aussagen lassen sich bereits die Grenzwerte vieler Folgen berechnen.

$$\lim_{n\to\infty} n^2 2^{-n} = 0$$

Manchmal musst du erst Umformungen vornehmen.

$$\lim_{n\to\infty} \frac{3n + 17}{5n + 1} = \lim_{n\to\infty} \frac{3 + \frac{17}{n}}{5 + \frac{1}{n}} = \frac{3}{5}$$

Wenn bei einer gebrochenrationalen Funktion der Nennergrad größer ist als der Zählergrad, ist der Grenzwert für $n \to \infty$ gleich 0.

$$\lim_{n\to\infty} \frac{50n^2 + 3n + 100}{n^3 + 7} =$$
$$= \lim_{n\to\infty} \frac{\frac{50}{n} + \frac{3}{n^2} + \frac{100}{n^3}}{1 + \frac{7}{n^3}} = \frac{0}{1} = 0$$

Warum konvergieren monoton wachsende und beschränkte Folgen?

Anschaulich gesprochen kann eine Folge auf zwei Weisen divergieren: Entweder sie wächst über alle Grenzen (positiv oder negativ) oder sie schwankt für immer ohne zu einem Grenzwert zu finden.

Es gilt nun die Aussage, dass wenn eine Folge monoton wächst (dann schwankt sie nicht) und sie nach oben beschränkt ist (dann kann sie nicht über alle Grenzen wachsen), sie konvergiert. Analoges gilt für eine monoton fallende Folge, die nach unten beschränkt ist.

$a_{n+1} > a_n$ und $a_n < A$ für alle n
$\Rightarrow (a_n)$ konvergiert

Es reicht auch, wenn die beiden Aussagen erst ab einem gewissen N gelten, also für alle $n > N$.

Dies liegt an der Vollständigkeit der Menge der reellen Zahlen; die Menge der reellen Zahlen hat keine Löcher.

Für die rationalen Zahlen gilt dies nicht, es gibt Folgen von rationalen Zahlen, die monoton und beschränkt sind, aber nicht gegen eine rationale Zahl konvergieren, etwa die Folge der Dezimalzahlen mit n Nachkommastellen von $\sqrt{2}$ oder von π.

Mit diesem Kriterium kann man die Konvergenz einer Folge nachweisen, ohne ihren Grenzwert zu kennen.

Man kann zeigen, dass $a_n = \left(1 + \frac{1}{n}\right)^n$ durch 3 beschränkt ist (indem man die Klammer mit dem binomischen Satz ausmultipliziert und die Binominalkoeffizienten nach oben abschätzt) und dass die Folge (a_n) monoton wächst. Aus beidem zusammen folgt, dass die Folge konvergiert. Der Grenzwert ist die Euler'sche Zahl e = 2,7182818 . . . .

Was ist eine Reihe und wann konvergiert sie?

Eine Reihe ist anschaulich eine unendliche Summe.

$$S = \frac{1}{2} + \frac{1}{4} + \frac{1}{8} + \ldots = \sum_{n=1}^{\infty} \frac{1}{2^n}$$

Mathematisch ist eine Reihe eine Folge, deren Folgenglieder aus Teilsummen bestehen. Man sagt, die Reihe konvergiert, wenn die Folge der Teilsummen konvergiert.

$$s_1 = \frac{1}{2}$$
$$s_2 = \frac{1}{2} + \frac{1}{4}$$
$$\vdots$$
$$s_n = \frac{1}{2} + \frac{1}{4} + \ldots + \frac{1}{2^n}$$

Ein notwendiges Kriterium für die Konvergenz von $\sum a_n$ ist, dass die Folge (a_n) gegen null konvergiert, man sagt, dass (a_n) eine Nullfolge ist.

Dies lässt sich wie folgt sehen: Konvergiert eine Reihe $s_n = \sum_{i=1}^{n} a_i$ gegen s, so gilt $\lim_{n\to\infty} a_n = \lim_{n\to\infty}(s_n - s_{n-1}) = \lim_{n\to\infty} s_n - \lim_{n\to\infty} s_{n-1} = s - s = 0$.

Dieses Kriterium ist aber nicht hinreichend.

Für $\sum_{n=1}^{\infty} \frac{1}{n}$ gilt $\lim_{n\to\infty} \frac{1}{n} = 0$,

aber die Reihe divergiert.

Dies siehst du, wenn du $2, 4, 8, \ldots$ aufeinanderfolgende Glieder der Reihe wie rechts zusammenfasst. Jede Klammer ist größer als 1/2, es gibt unendlich viele davon, daher kann die Summe nicht konvergieren. Die Reihe rechts bezeichnet man auch als harmonische Reihe.

$$1 + \underbrace{\frac{1}{2} + \frac{1}{3} + \frac{1}{4}}_{\geq 2 \cdot \frac{1}{4} = \frac{1}{2}} +$$

$$+ \underbrace{\frac{1}{5} + \frac{1}{6} + \frac{1}{7} + \frac{1}{8}}_{\geq 4 \cdot \frac{1}{8} = \frac{1}{2}} +$$

$$+ \underbrace{\frac{1}{9} + \frac{1}{10} + \frac{1}{11} + \frac{1}{12} + \frac{1}{13} + \frac{1}{14} + \frac{1}{15} + \frac{1}{16}}_{\geq 8 \cdot \frac{1}{16} = \frac{1}{2}} +$$

$$+ \ldots \to \infty$$

Bei einer alternierenden Reihe sind die Vorzeichen abwechselnd + und -. Wenn die Folge eine Nullfolge bildet, konvergiert die alternierende Reihe.

$$S = 1 - \frac{1}{2} + \frac{1}{3} - \frac{1}{4} \pm = \sum_{n=1}^{\infty} \frac{(-1)^{n+1}}{n}$$

konvergiert, da alternierend und

$$\lim_{n\to\infty} \frac{(-1)^{n+1}}{n} = 0.$$

Wie bestimmst du den Wert einer geometrischen Reihe?

Bei einer geometrischen Reihe verändern sich die Folgenglieder mit einem konstanten Faktor.

$$S \quad = 1 + q + q^2 + \ldots = \sum_{n=0}^{\infty} q^n$$

Du kannst ihren Wert auf einfache Weise berechnen, indem du beobachtest, dass qS dieselbe Reihe ergibt bis auf die erste 1.

$$qS \quad = \quad q + q^2 + \ldots = \sum_{n=0}^{\infty} q^{n+1}$$

Wenn du die beiden Gleichungen voneinander abziehst, erhältst du eine Gleichung, aus der du den Wert S der Reihe direkt bestimmen kannst.

$$(1 - q)S = 1$$
$$\Rightarrow S = \frac{1}{1 - q}$$

Damit kannst du etwa die Reihensumme für $q = 1/2$ bestimmen.

$$1 + \frac{1}{2} + \frac{1}{4} + \frac{1}{8} + \ldots = \frac{1}{1/2} = 2$$

Die geometrische Reihe konvergiert für $0 < q < 1$ (und für $-1 < q \leq 0$).

Du kannst die Summe der geometrischen Reihe auch geometrisch herleiten, am einfachsten durch Schnitt der Geraden $y = qx$ und $y = x - 1$. In der Abbildung ist $q = 1/2$.

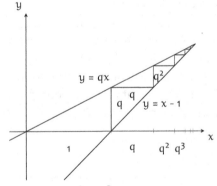

$$x = 1 + q + q^2 + q^3 + \ldots$$
$$qx = x - 1$$
$$\Rightarrow x = \frac{1}{1 - q}$$

Wie kannst du die Konvergenz einer Reihe bestimmen?

Bei der geometrischen Reihe ist das Verhältnis zweier aufeinander folgenden Glieder konstant, ebenso die n-te Wurzel des n-ten Folgenglieds (wenn die Reihe mit 1 beginnt).

$$a_0 = 1, a_1 = q, a_2 = q^2, \ldots, a_n = q^n$$

$$\frac{a_{n+1}}{a_n} = q, \quad \sqrt[n]{a_n} = q$$

$$S = \sum_{n=0}^{\infty} a_n \text{ konvergiert für } |q| < 1.$$

Wenn das Verhältnis bzw. die Wurzel nicht konstant ist, aber für $n \to \infty$ zu einem Wert strebt, dessen Betrag kleiner 1 ist, dann gilt immer noch, dass die entsprechende Reihe konvergiert.

$$\lim_{n \to \infty} \left| \frac{a_{n+1}}{a_n} \right| < 1$$

$$\Rightarrow \lim_{n \to \infty} \sum_{i=0}^{n} a_i \text{ konvergiert.}$$

$$\lim_{n \to \infty} \sqrt[n]{|a_n|} < 1$$

$$\Rightarrow \lim_{n \to \infty} \sum_{i=0}^{n} a_i \text{ konvergiert.}$$

Mit diesem sogenannten Quotienten- bzw. Wurzelkriterium kannst du die Konvergenz vieler Reihen bestimmen.

Für $a_n = \dfrac{10^n}{n!}$ gilt:

$$\frac{a_{n+1}}{a_n} = \frac{10^{n+1}}{(n+1)!} \frac{n!}{10^n} = \frac{10}{n} \to 0$$

$$\Rightarrow \sum_{n=0}^{\infty} \frac{10^n}{n!} \text{ konvergiert.}$$

Was sind Grenzwerte von Funktionen?

Der Grenzwert einer Funktion lässt sich auf den Grenzwert von Folgen zurückführen.

Man sagt, eine Funktion $f(x)$ hat für $x \to a$ den Grenzwert g, wenn für jede Folge (x_n), die gegen a konvergiert, die Folge $(f(x_n))$ gegen g konvergiert.

$\lim\limits_{x \to a} f(x) = g$ bedeutet:
Für jede Folge (x_n) mit $\lim\limits_{n \to \infty} x_n = a$ gilt $\lim\limits_{n \to \infty} f(x_n) = g$.

Z. B. gilt $\lim\limits_{x \to a} x^2 = a^2$, da
$\lim\limits_{x \to a} (x \cdot x) = \left(\lim\limits_{x \to a} x \right) \cdot \left(\lim\limits_{x \to a} x \right) = a \cdot a$.

Dies gilt auch für den Grenzwert einer Funktion $f(x)$ für $x \to \infty$. Den Grenzwert einer Funktion $f(x)$ für $x \to \infty$ definiert man als Grenzwert der Funktionswerte $f(x_n)$, wenn x_n eine Folge ist mit uneigentlichem Grenzwert ∞ und die Grenzwerte der Funktionswerte für alle derartigen Folgen gleich sind.

$\lim\limits_{x \to \infty} \dfrac{1}{x} = 0$, da $\lim\limits_{n \to \infty} \dfrac{1}{x_n} = 0$ für jede Folge $(x_n) \to \infty$, etwa für $x_n = n$ oder $x_n = n^2$ oder $x_n = \sqrt{n}$.

Wenn $(f(x_n))$ für manche Folgen $(x_n) \to \infty$ einen gewissen Grenzwert hat und für andere Folgen $(x_n) \to \infty$ einen anderen, dann hat die Funktion $f(x)$ keinen Grenzwert für $x \to \infty$.

$\lim\limits_{x \to \infty} \sin(\pi x)$ existiert nicht:

Für $x_n = n$ mit $\lim\limits_{n \to \infty} x_n = \infty$ gilt $\sin(\pi x_n) = 0$,
also $\lim\limits_{n \to \infty} \sin(\pi x_n) = 0$.

Für $x_n = \dfrac{4n + 1}{2}$ mit $\lim\limits_{n \to \infty} x_n = \infty$ gilt $\sin(\pi x_n) = 1$,
also $\lim\limits_{n \to \infty} \sin(\pi x_n) = 1$.

Somit hat $\sin(\pi x)$ für $x \to \infty$ keinen Grenzwert. Dies entspricht unserer Anschauung.

Wie berechnest du einfache Grenzwerte?

Viele Grenzwerte kannst du auf bekannte Grenzwerte zurückführen. Zunächst ist gut zu wissen, wie sich eine Potenzfunktion im Limes $x \to \infty$ verhält, sie geht gegen null genau dann, wenn der Exponent kleiner null ist.

$$\lim_{x \to \infty} x^\alpha = \begin{cases} 0 & \text{für} \quad \alpha < 0 \\ 1 & \text{für} \quad \alpha = 0 \\ \infty & \text{für} \quad \alpha > 0 \end{cases}$$

Für $x \to 0$, ist es umgekehrt, sie geht gegen null genau dann, wenn der Exponent größer null ist.

$$\lim_{x \to 0} x^\alpha = \begin{cases} \infty & \text{für} \quad \alpha < 0 \\ 1 & \text{für} \quad \alpha = 0 \\ 0 & \text{für} \quad \alpha > 0 \end{cases}$$

Eine negative Exponentialfunktion geht für jedes $b > 1$ für $x \to \infty$ gegen null.

$$\lim_{x \to \infty} b^{-x} = 0 \text{ für } b > 1$$

Zudem geht sie schneller gegen null als jede Potenzfunktion.

$$\lim_{x \to \infty} b^{-x} x^\alpha = 0 \text{ für } b > 1, \alpha \in \mathbb{R}$$

Die Grenzwertsätze übertragen sich von Folgen auf Grenzwerte von Funktionen.

Mit $\lim_{x \to x_0} f(x) = a$, $\lim_{x \to x_0} g(x) = b$:

$$\lim_{x \to x_0} (f(x) \pm g(x)) = a \pm b$$

$$\lim_{x \to x_0} (f(x) \cdot g(x)) = a \cdot b$$

$$\lim_{x \to x_0} \frac{f(x)}{g(x)} = \frac{a}{b}, \quad \text{wenn } b \neq 0.$$

Mit diesen Aussagen lassen sich bereits viele Grenzwerte berechnen.

Manchmal musst du erst Umformungen vornehmen.

$$\lim_{x \to \infty} \frac{3x + 17}{5x + 1} = \lim_{x \to \infty} \frac{3 + \frac{17}{x}}{5 + \frac{1}{x}} = \frac{3}{5}$$

Wenn bei einer gebrochenrationalen Funktion der Nennergrad größer ist als der Zählergrad, ist der Grenzwert für $x \to \infty$ gleich 0.

$$\lim_{x \to \infty} \frac{50x^2 + 3x + 100}{x^3 + 7} =$$

$$= \lim_{x \to \infty} \frac{\frac{50}{x} + \frac{3}{x^2} + \frac{100}{x^3}}{1 + \frac{7}{x^3}} = \frac{0}{1} = 0$$

Was bedeutet es anschaulich, dass eine Funktion stetig ist?

Eine Funktion ist stetig an einem Punkt x_0, wenn kleine Änderungen im x-Wert nur zu kleinen Änderungen im Funktionswert $f(x)$ führen. Dazu muss die Funktion an der Stelle x_0 definiert sein, was wir im Folgenden voraussetzen.

Wenn du beim Duschen am Temperaturregler drehst, willst du, dass die Temperatur y stetig vom Winkel x abhängt.

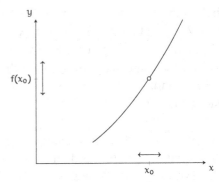

f(x) ist stetig: Kleine x-Änderungen führen zu kleinen y-Änderungen.

Wenn die Funktion an einer Stelle einen Sprung hat, ist sie nicht stetig.

$$f(x) = \begin{cases} 0 & \text{für } x < 0 \\ 1 & \text{für } x \geq 0 \end{cases}$$

ist bei $x = 0$ nicht stetig:

Wenn Du ein bisschen (beliebig wenig) an x drehst, ändert sich y stark.

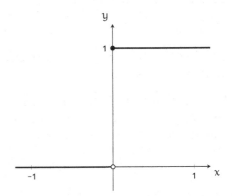

Wenn die Funktion an einer Stelle so stark oszilliert, dass sie keinen Grenzwert hat, ist sie nicht stetig.

$$f(x) = \begin{cases} \sin(\frac{1}{x}) & \text{für } x \neq 0 \\ 0 & \text{für } x = 0 \end{cases}$$

ist bei $x = 0$ nicht stetig.

Wenn du ein bisschen an x drehst, schwankt y stark.

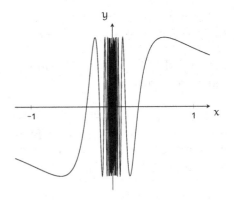

140

Was bedeutet es mathematisch, wenn eine Funktion stetig ist?

Du musst zu jeder noch so kleinen y-Umgebung eines Punktes eine x-Umgebung finden, sodass alle Funktionswerte der x-Umgebung in der y-Umgebung liegen.

Gleichwertig dazu ist, wie man zeigen kann: Für jede Folge (x_n), die gegen den x-Wert $\hat{x}$ konvergiert, konvergieren die Funktionswerte $f(x_n)$ gegen den zugehörigen y-Wert $f(\hat{x})$.

Eine Funktion f ist bei $\hat{x}$ stetig, wenn es zu jedem $\epsilon > 0$ ein $\delta > 0$ gibt, sodass für alle x mit $|x - \hat{x}| < \delta$ $|f(x) - f(\hat{x})| < \epsilon$ gilt.

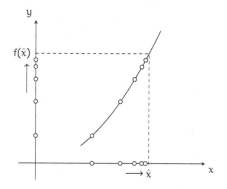

$$\lim_{n \to \infty} f(x_n) = f(\hat{x}) = f(\lim_{n \to \infty} x_n)$$

Es kommt also nicht darauf an, ob man erst den Funktionswert f bildet und dann den Limes $n \to \infty$ (links) oder erst den Limes $n \to \infty$ bildet und dann den Funktionswert (rechts).

Dass die Reihenfolge egal ist, kann man auch als Diagramm darstellen. Wenn beide Wege das gleiche Ergebnis liefern, ist die Funktion stetig.

$$
\begin{array}{ccc}
x_n & \xrightarrow{\lim} & \hat{x} \\
f \downarrow & & \downarrow f \\
f(x_n) & \xrightarrow{\lim} & f(\hat{x}) = \\
& & \lim_{n \to \infty} f(x_n)
\end{array}
$$

Damit eine Funktion an einer Stelle $\hat{x}$ stetig ist, muss für alle Folgen (x_n) mit $\lim_{n \to \infty} x_n = \hat{x}$ der Grenzwert $\lim_{n \to \infty} f(x_n)$ existieren und derselbe sein. Und er muss gleich dem Funktionswert an der Stelle sein.

f ist stetig für $x = \hat{x}$. $\iff$

Für jede Folge $(x_n) \to \hat{x}$ gilt:
a) $\lim_{n \to \infty} f(x_n)$ existiert,
b) diese Grenzwerte sind gleich,
c) dieser Wert ist gleich $f(\hat{x})$.

Was bedeutet es, wenn eine Funktion stetig fortsetzbar ist?

Wenn ein Funktion an einer Stelle nicht definiert ist, kann die Frage nach der Stetigkeit nicht sinnvoll gestellt werden.

Man kann dann nur fragen, ob man die Funktion stetig fortsetzen kann, also, ob man an der Stelle, wo sie nicht definiert ist, einen Funktionswert so festlegen kann, dass die damit erweiterte Funktion stetig ist.

Es gibt aber auch Funktionen, die stetig fortsetzbar sind.

$f(x) = \dfrac{1}{x}$ für $x \neq 0$

ist an der Stelle $x = 0$ nicht definiert.

$f(x) = \dfrac{1}{x}$ für $x \neq 0$ ist an der Stelle $x = 0$ nicht stetig fortsetzbar. Egal, wie man $f(0)$ definieren würde, die entstehende für alle $x \in \mathbb{R}$ definierte Funktion wäre nicht stetig.

$f(x) = \dfrac{x^2 - 1}{x - 1}$ für $x \neq 1$

ist stetig fortsetzbar, man setzt

$$f(1) = \lim_{x \to 1} f(x) = \lim_{x \to 1} \frac{x^2 - 1}{x - 1} =$$
$$= \lim_{x \to 1} \frac{(x - 1)(x + 1)}{x - 1} = \lim_{x \to 1}(x + 1) = 2.$$

Durch die stetige Fortsetzung wird die Lücke geschlossen. Dieses Beispiel sieht etwas konstruiert aus, du kannst sagen, man hat mutwillig mit $x - 1$ erweitert, um eine Definitionslücke zu schaffen.

Ähnliches tritt aber auch in ganz natürlicher Weise auf, etwa bei der Funktion $\sin(x)/x$, die für $x = 0$ zunächst nicht definiert ist, aber durch $f(0) = 1$ stetig fortgesetzt werden kann. Diese Funktion beschreibt in der Optik die Beugung an einem Spalt.

Die stetig fortgesetzte Funktion ist $g(x) = x + 1, x \in \mathbb{R}$. Es hat nur der Punkt $(1, 2)$ gefehlt, da die Ursprungsfunktion für $x = 1$ nicht definiert war.

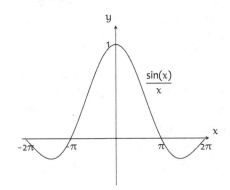

142

Wie stellst du fest, ob eine Funktion stetig ist?

Alle Funktionen, die wir konkret betrachtet haben, sind auf ihrem gesamten Definitionsbereich stetig.

Stetig sind die Funktionen

$x^n, n \in \mathbb{Z}$	für alle $x \in \mathbb{R}$,
$\sqrt{x}$	für alle $x \geq 0$,
$a^x, a \geq 0$	für alle $x \in \mathbb{R}$,
$\ln(x)$	für alle $x > 0$,
$\sin(x), \cos(x)$	für alle $x \in \mathbb{R}$.

Auch Summen, Differenzen, Produkte und Quotienten und Verkettungen von stetigen Funktionen sind auf dem sich ergebenden Definitionsbereich stetig.

Stetig sind die Funktionen

$f(x) = x + \sin(x)$	für $x \in \mathbb{R}$,
$f(x) = \sqrt{x^2 + 1}$	für $x \in \mathbb{R}$,
$f(x) = \ln(x) + \ln(1 - x)$	für $x \in (0, 1)$.

Der Definitionsbereich kann insbesondere bei Quotienten von Funktionen kleiner sein als der ursprüngliche Definitionsbereich. Man muss die Nullstellen der Nennerfunktion ausschließen.

Nicht definiert sind

$$f(x) = \frac{x^2 - 1}{x - 1} \text{ für } x = 1,$$

$$f(x) = \frac{x - 1}{x^2 - 1} \text{ für } x = \pm 1.$$

Manchmal kann man die Funktion dann stetig fortsetzen. Dies kann insbesondere möglich sein, wenn sich ein Term herauskürzt.

$f(x) = \frac{x - 1}{x^2 - 1}, x \neq \pm 1$ ist für $x = 1$ stetig fortsetzbar zur Funktion

$g(x) = \frac{1}{x + 1}, x \neq -1,$

nicht aber für $x = -1$.

Am einfachsten ist die Stetigkeit nachzuweisen, wenn du die Funktion auf eine bekannte, stetige Funktion zurückführen kannst (s. o.).

Wenn deine Funktion stückweise definiert ist, gehst du wie auf der nächsten Seite beschrieben vor.

Wie prüfst du eine stückweise definierte Funktion auf Stetigkeit?

Eine Funktion ist im gesamten Definitionsbereich stetig, wenn sie in jedem Punkt ihres Definitionsbereiches stetig ist.

Wenn du konkret die Stetigkeit einer stückweise definierten Funktion prüfen willst, musst du erst prüfen, ob die einzelnen Stücke stetig sind, und dann, ob die Funktion an der Übergangsstelle stetig ist.

$$f(x) = \begin{cases} g(x) & \text{für } x < a \\ h(x) & \text{für } x \geq a \end{cases} \text{ ist stetig,}$$

wenn
a) $g(x)$ für $x < a$ stetig ist,
b) $h(x)$ für $x \geq a$ stetig ist,
c) $\lim_{x \to a} g(x) = h(a)$.

Dies prüfst du, indem du von der linken Funktion den linksseitigen Grenzwert nimmst und von der rechten Funktion den rechtsseitigen Grenzwert, der gleich dem Funktionswert ist, wenn der Funktionswert noch Teil des Definitionsbereichs ist. Wenn beide übereinstimmen und gleich dem Funktionswert an der Stelle sind, dann ist die Funktion stetig.

$$f(x) = \begin{cases} x + 2 & \text{für } x < 1 \\ 4 - x & \text{für } x \geq 1 \end{cases}$$

Die beiden Einzelfunktionen sind als lineare Funktionen stetig.

Zudem ist $\lim_{x \to 1}(x + 2) = 3 = 4 - 1$.

Daher ist $f(x)$ für alle $x \in \mathbb{R}$ stetig.

Es kann $x = a$ auch im ersten Fall mit dabei sein, dann prüfst du den Limes von $h(x)$.

$$f(x) = \begin{cases} x + 2 & \text{für } x \leq 1 \\ 4 - x & \text{für } x > 1 \end{cases}$$

Die beiden Einzelfunktionen sind als lineare Funktionen stetig.

Zudem ist $\lim_{x \to 1}(4 - x) = 3 = 1 + 2$.

Daher ist $f(x)$ für alle $x \in \mathbb{R}$ stetig.

Differenzialrechnung

Wir kommen nun zur sogenannten höheren Mathematik, die im 17. Jahrhundert von Leibniz und Newton begründet wurde.

Mithilfe der Differenzialrechnung kann man die Steigung der Tangente an eine Kurve in einem Punkt berechnen. Dies ist der Grenzwert der Steigung einer Geraden durch zwei Punkte der Kurve, wenn der zweite Punkt immer näher an den ersten rückt.

Wie groß die Steigung des Graphen einer Funktion ist, drückt die Ableitung der Funktion aus. Sie beschreibt die Änderungsrate des Funktionswerts in Abhängigkeit vom x-Wert.

Die Ableitung des Orts eines Körpers in Abhängigkeit von der Zeit ergibt in analoger Weise die Änderung des Orts pro Zeit, also die Geschwindigkeit des Körpers. Hier bewirkt der Grenzwert den Übergang von der Durchschnittsgeschwindigkeit zur Momentangeschwindigkeit.

Mittels Differenzialrechnung, d. h. der Berechnung der Ableitung, lassen sich besondere Punkte einer Kurve wie etwa Maxima und Minima elegant und effizient bestimmen.

A. Gründers, *Mathe übersichtlich: Von den Basics bis zur Analysis*,
https://doi.org/10.1007/978-3-662-67184-9_9

Wie bestimmst du die Steigung der Tangente in einem Punkt an eine Kurve?

Die Tangente in einem Punkt P_0 an eine Kurve ergibt sich, wenn du die Gerade durch diesen Punkt P_0 und einen benachbarten Punkt P betrachtest und dann P immer näher an P_0 heranrückst. Als einfachen Fall betrachten wir die Normalparabel $f(x) = x^2$ und den Punkt $P_0(1, 1)$.

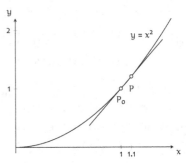

Als x-Wert des benachbarten Punkts P wählen wir $x = 1 + h$.

$x_P = 1 + h$ (oben ist $h = 0{,}1$)
Je kleiner h, desto näher P an P_0.

Den y-Wert des Punkts P erhältst du durch Einsetzen in die Funktionsgleichung.

$y_P = x_P^2 = (1 + h)^2$

Die Steigung der Geraden durch $P_0(1, 1)$ und den Punkt $P(1+h, (1+h)^2)$ berechnest du aus dem Verhältnis der Differenz der y-Werte zu der Differenz der x-Werte.

$$\frac{\Delta y}{\Delta x} = \frac{y_P - y_0}{x_P - x_0} = \frac{(1+h)^2 - 1}{(1+h) - 1}$$

$$= \frac{1 + 2h + h^2 - 1}{h} = \frac{2h + h^2}{h} = 2 + h$$

Für den Grenzwert $h \to 0$ ergibt sich die Steigung der Tangente an der Stelle $x = 1$.

$$\lim_{h \to 0} (2 + h) = 2$$

Man schreibt $f'(x)$ für die Steigung der Tangente im Punkt $P(x, f(x))$ und nennt $f'(x)$ die Ableitung.

$$f'(1) = \lim_{h \to 0} \frac{f(1 + h) - f(1)}{h} = 2$$

Analog zu $x = 1$ kannst du die Ableitung an einer beliebigen Stelle x berechnen.

$$f'(x) = \lim_{h \to 0} \frac{f(x + h) - f(x)}{h}$$

$$= \lim_{h \to 0} \frac{(x + h)^2 - x^2}{h}$$

$$= \lim_{h \to 0} \frac{x^2 + 2xh + h^2 - x^2}{h}$$

$$= \lim_{h \to 0} \frac{2xh + h^2}{h} = \lim_{h \to 0} (2x + h) = 2x$$

Was bedeutet die Ableitung?

Die Ableitung einer Funktion $f(x)$ an einer Stelle x gibt die Steigung der Tangente an den Graphen der Funktion in dem Punkt $P(x, f(x))$ an.

Die Steigung der Tangente ist die lokale Änderungsrate des Funktionswerts in Abhängigkeit von der unabhängigen Variablen.

Für die lokale Änderungsrate $f'(x)$ schreibt man auch dy/dx. Das „d" steht für Differenzial.

Die Einheit der Ableitung (durch eckige Klammern notiert) ergibt sich als Quotient der Einheit des Funktionswerts und der Einheit der unabhängigen Variablen.

Bei der Steigung der Kurve ist die Einheit von y und von x gleich, daher ist die Ableitung dimensionslos.

Wenn die Funktion den Ort $s(t)$ eines Objekts in Abhängigkeit von der Zeit beschreibt, gibt die Ableitung $s'(t) = v(t)$ die Geschwindigkeit an. Die Einheit ist m/s.

Wenn du $s(t)$ mit korrekten Einheiten gegeben hast, sodass sich nach Einsetzen von t in Sekunden eine Länge in Meter ergibt, dann ergibt sich auch für die Ableitung die richtige Einheit in Meter pro Sekunde.

$f'(x)$ = Steigung der Tangente bei x

Wenn $f(x) = x^2$,
dann $f'(x) = 2x$, $f'(1) = 2$.

$y = f(x) = x^2$ ändert sich bei $x = 1$ mit der Änderungsrate $f'(1) = 2$: Wenn sich x von 1 um 0,01 zu 1,01 ändert, dann ändert sich x^2 um $\approx f'(1) \cdot 0,01 = 0,02$.

$$\frac{dy}{dx} = f'(x)$$

$$\left[\frac{dy}{dx}\right] = \frac{[dy]}{[dx]} = \frac{[y]}{[x]}$$

$$[y] = cm, [x] = cm, \frac{[dy]}{[dx]} = \frac{cm}{cm} = 1$$

$$[s] = m, [t] = s, \frac{[ds]}{[dt]} = \frac{m}{s} = [v]$$

$$s(t) = 100\,m - 5\frac{m}{s^2}t^2$$

$$v(t) = s'(t) = -10\,\frac{m}{s^2}t$$

$$v(1\,s) = s'(1\,s) = -10\,\frac{m}{s}$$

Wann ist eine Funktion differenzierbar?

Eine Funktion ist an einem Punkt x aus ihrem Definitionsbereich differenzierbar, wenn die Ableitung, d. h. der Differenzialquotient als Grenzwert des Differenzenquotienten, existiert.

Aus der Differenzierbarkeit folgt die Stetigkeit, aber nicht umgekehrt. Es gibt stetige Funktionen, die nicht differenzierbar sind, wie etwa $f(x) = |x|$ bei $x = 0$. Der Graph der Funktion $f(x) = |x|$ hat bei $x = 0$ einen Knick, die Ableitung existiert nicht.

Die Funktion $f(x) = \sqrt{x}$ ist an der Stelle $x = 0$ nicht differenzierbar, da der Grenzwert des Differenzialquotienten nicht existiert. Es gilt

$$f'(0) = \lim_{h \to 0} \frac{\sqrt{h} - 0}{h} = \infty.$$

Es gibt auch kompliziertere Beispiele für Nichtdifferenzierbarkeit als einen einfachen Knick oder dass die Ableitung gegen ∞ geht.

Äquivalent zur Definition über die Existenz des Differenzialquotienten ist die lokale lineare Approximierbarkeit.

Dazu muss der Limes des Differenzenquotienten $\dfrac{f(x + h) - f(x)}{h}$ für jede Folge $h \to 0$ existieren.

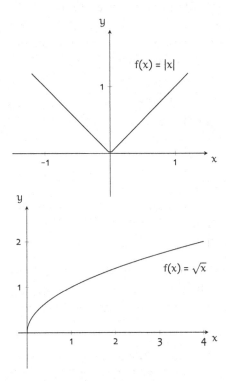

$$f(x) = \begin{cases} x\sin(\frac{1}{x}) & \text{für } x \neq 0 \\ 0 & \text{für } x = 0 \end{cases}$$

ist bei $x = 0$ stetig, aber nicht differenzierbar.

$f(x)$ ist für $x = x_0$ differenzierbar, wenn für $h \to 0$ gilt, dass es eine Zahl $m \in \mathbb{R}$ gibt, sodass $f(x_0 + h) = f(x_0) + m\,h + r(h)$, wobei der Rest $r(h)$ schneller als linear gegen null geht: $r(h)/h \to 0$ für $h \to 0$.

Wie leitest du Potenzfunktionen ab?

Analog zur Ableitung von $y = x^2$ kann man auch die Ableitung von $y = x^3$ berechnen.

$$y = f(x) = x^3$$
$$f'(x) = \lim_{h \to 0} \frac{(x+h)^3 - x^3}{h}$$
$$= \lim_{h \to 0} \frac{x^3 + 3x^2h + 3xh^2 + h^3 - x^3}{h}$$
$$= \lim_{h \to 0} \frac{3x^2h + 3xh^2 + h^3}{h}$$
$$= \lim_{h \to 0} (3x^2 + 3xh + h^2)$$
$$= 3x^2$$

Dies lässt sich auf beliebiges $n \in \mathbb{N}$ verallgemeinern und gilt sogar für beliebige reelle Exponenten.

$$y(x) = x^n$$
$$y'(x) = nx^{n-1}$$

Zwei wichtige Beispiele ergeben sich für die Exponenten −1 und 1/2.

$$y = f(x) = x^{-1} = \frac{1}{x}$$
$$y' = f'(x) = -1 \cdot x^{-1-1} = -x^{-2} = -\frac{1}{x^2}$$

$$y(x) = x^{1/2} = \sqrt{x}$$
$$y'(x) = \frac{1}{2}x^{1/2-1} = \frac{1}{2}x^{-1/2} = \frac{1}{2\sqrt{x}}$$

Die Ableitungsregel gilt für alle Exponenten.

$$f(x) = \sqrt[3]{x} = x^{\frac{1}{3}}$$
$$f'(x) = \frac{1}{3}x^{\frac{1}{3}-1} = \frac{1}{3}x^{-\frac{2}{3}} =$$
$$= \frac{1}{3x^{\frac{2}{3}}} = \frac{1}{3\sqrt[3]{x^2}}$$

$$f(x) = x^{-0,45}$$
$$f'(x) = -0,45\,x^{-1,45}$$

Beachte, dass sich als Ableitung einer Potenzfunktion kein Exponent −1 ergeben kann, da dazu $n - 1 = -1$ sein müsste, d. h. $n = 0$, dann ist aber $nx^{n-1} = 0$.

Wenn wir später die Ableitung umkehren und Funktionen suchen, die eine vorgegebene Ableitung haben, wird dies wichtig sein.

Wie leitest du zusammengesetzte Funktionen ab?

Die Ableitung der Summe bzw. Differenz von Funktionen ist einfach die Summe bzw. Differenz der Ableitungen.

$f(x) = x^2 \Rightarrow f'(x) = 2x$
$g(x) = x^3 \Rightarrow f'(x) = 3x^2$
$h(x) = x^2 + x^3$
$\Rightarrow h'(x) = 2x + 3x^2$

Allgemein:
$((f(x) + g(x))' = f'(x) + g'(x)$

Wenn eine Funktion mit einer Konstanten multipliziert ist, kannst du einfach die Funktion ableiten und mit der Konstanten multiplizieren.

$f(x) = x^2 \Rightarrow f'(x) = 2x$
$f(x) = 3x^2 \Rightarrow f'(x) = 6x$

Allgemein: $(af(x))' = af'(x)$

Das liegt daran, dass du den Faktor bei der Limesbildung vor den Limes ziehen kannst.

$(af(x))' = \lim_{h \to 0} \frac{af(x + h) - af(x)}{h} =$

$= a \lim_{h \to 0} \frac{f(x + h) - f(x)}{h} = af'(x)$

Ganz wichtig ist, dass das nur dann geht, wenn der Faktor eine Konstante, also eine feste Zahl ist. Wenn zwei Funktionen miteinander multipliziert sind, brauchst du die Produktregel, die später kommt.

Wenn du beide Regeln zusammennimmst, kannst du Funktionen der Form $af(x) \pm bg(x)$ ableiten.

$(af(x) + bg(x))' = af'(x) + bg'(x)$

Damit kannst du nun beliebige Polynome ableiten. Die Ableitung eines Polynoms n-ten Grades ist ein Polynom $(n - 1)$-ten Grades.

$p(x) = \sum_{i=0}^{n} a_i x^i = a_0 + a_1 x + \cdots + a_n x^n$

$\Rightarrow p'(x) = \sum_{i=0}^{n} i a_i x^{i-1} =$

$= a_1 + 2a_2 x + \cdots + n x^{n-1}$

Wie groß ist die Steigung der Exponential-funktion bei $x = 0$?

Die Steigung einer Exponential-funktion an einer beliebigen Stelle können wir auf die Steigung an der Stelle $x = 0$ zurückführen.

Für $f(x) = a^x$:

$$f'(x) = \lim_{h \to 0} \frac{f(x + h) - f(x)}{h} =$$

$$\lim_{h \to 0} \frac{a^{x+h} - a^x}{h} = \lim_{h \to 0} \frac{a^x a^h - a^x}{h}$$

$$= a^x \lim_{h \to 0} \frac{a^h - 1}{h} = a^x f'(0)$$

Wir betrachten nun die Steigung bei $x = 0$.

$$f'(0) = \lim_{h \to 0} \frac{a^h - 1}{h}$$

Wenn man diesen Grenzwert für $a = 2$ numerisch berechnet, findet man eine Zahl ungefähr 0,6931472.

$$\frac{2^{0,1} - 1}{0,1} \approx 0,718, \quad \frac{2^{0,01} - 1}{0,01} \approx 0,696$$

$$\lim_{h \to 0} \frac{2^h - 1}{h} = 0,6931472\ldots$$

Für $a = 3$ erhält man analog eine Zahl, die etwas größer als 1 ist.

$$\lim_{h \to 0} \frac{3^h - 1}{h} = 1,0986123\ldots$$

Die Graphen der Funktionen 2^x und 3^x haben also bei $x = 0$ eine Steigung, die kleiner bzw. größer als 1 ist.

Es liegt die Vermutung nahe und man kann beweisen, dass es eine eindeutige Zahl zwischen 2 und 3 gibt, bei der die Steigung genau 1 ist.

Wir nennen diese Zahl Euler'sche Zahl e. Sie ist ungefähr 2,718281828.

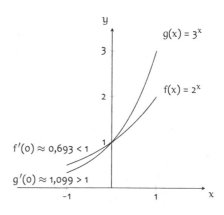

Was ist an der Exponentialfunktion mit Steigung 1 bei x = 0 besonders?

Die Basis, bei der die Exponentialfunktion für x = 0 die Steigung 1 hat, nennen wir e. Sie ist durch den entsprechenden Grenzwert definiert.

$$\lim_{h \to 0} \frac{e^h - 1}{h} = 1$$

Wir lösen nach e auf, indem wir den Ausdruck, von dem der Grenzwert genommen wird, rein formal umformen. Wir verzichten auf den Beweis der Richtigkeit.

$$e = \lim_{h \to 0} (1 + h)^{1/h}$$

Wir setzen nun n = 1/h und betrachten somit statt h → 0 den Grenzwert n → ∞.

$$e = \lim_{n \to \infty} \left(1 + \frac{1}{n}\right)^n$$

Der Grenzwert dieser Folge ist e.

$$\left(1 + \frac{1}{2}\right)^2 = 2{,}25$$

$$\left(1 + \frac{1}{10}\right)^{10} = 2{,}5937\ldots$$

$$\left(1 + \frac{1}{100}\right)^{100} = 2{,}7048\ldots$$

$$e = \lim_{n \to \infty} \left(1 + \frac{1}{n}\right)^n = 2{,}71828\ldots$$

Die Funktion hat bei x = 0 die Steigung 1, und noch viel mehr, sie hat (s. letzte Seite, oben) an jeder Stelle die Steigung, die ihrem Funktionswert entspricht. Dies ergibt sich aus oben stehender Gleichung für e.

$$f(x) = e^x \Rightarrow f'(0) = 1$$
$$f'(x) = e^x = f(x)$$

Die Funktion ist ihre eigene Ableitung! Man kann zeigen, dass es bis auf eine multiplikative Konstante die einzige Funktion ist, die ihre eigene Ableitung ist.

$$y'(x) = y(x)$$
$$\Rightarrow y(x) = ce^x, c \in \mathbb{R}$$

Wie kann man die e-Funktion noch schreiben?

Die definierende Gleichung für e kann man mit dem binomischen Satz auch als Reihe schreiben. Wir zeigen es nicht im Detail.

$$e = \lim_{n \to \infty} \left(1 + \frac{1}{n}\right)^n$$

$$\text{mit } (1+x)^n = \sum_{k=0}^{n} \binom{n}{k} x^k, \, x = \frac{1}{n} \text{ und}$$

$$n \to \infty$$

$$e = 1 + \frac{1}{1!} + \frac{1}{2!} + \frac{1}{3!} + \ldots = \sum_{k=0}^{\infty} \frac{1}{k!}$$

Für e^x kann man ähnlich vorgehen. Wir formen dazu erst e^x um.

$$e^x = \lim_{n \to \infty} \left(1 + \frac{1}{n}\right)^{nx}$$

Setze $m = nx$, $n = \frac{m}{x}$, dann geht mit n auch $m \to \infty$ und es folgt

$$e^x = \lim_{m \to \infty} \left(1 + \frac{x}{m}\right)^m.$$

Wenn man dann ähnlich wie oben wieder den binomischen Satz anwendet, kommt man zur Reihendarstellung der Exponentialfunktion.

$$f(x) = e^x = 1 + \frac{x}{1!} + \frac{x^2}{2!} + \frac{x^3}{3!} + \frac{x^4}{4!} + \ldots$$

$$= \sum_{n=0}^{\infty} \frac{x^n}{n!}$$

Auch an dieser Darstellung siehst du, dass die Ableitung der Funktion $f(x) = e^x$ wieder sie selbst ergibt. Jedes Reihenglied gibt abgeleitet das davor. Da es unendlich viele Summanden sind, ergibt sich genau der gleiche Ausdruck.

$$f(x) = e^x = 1 + \frac{x}{1!} + \frac{x^2}{2!} + \frac{x^3}{3!} + \frac{x^4}{4!} + \ldots$$

$$f'(x) = \qquad 1 + \frac{2x}{2!} + \frac{3x^2}{3!} + \frac{4x^3}{4!} + \ldots$$

$$= \qquad 1 + \frac{x}{1!} + \frac{x^2}{2!} + \frac{x^3}{3!} + \ldots$$

$$= \qquad e^x$$

$$= \qquad f(x)$$

Inwiefern ist die Ableitung eine Linearisierung?

Die Tangente ist eine Gerade, d. h., wenn du eine Funktion an einer Stelle durch ihre Tangente annäherst, hast du sie linearisiert.

$f(x) = x^2$ nahe bei $x = 1$:

Setze $x = 1 + h$ mit kleinem $h = x - 1$:

$$f(1 + h) = (1 + h)^2 = \underbrace{1 + 2h}_{\text{Linearisierung}} + h^2$$

Die Linearisierung ist eine Näherung der Funktion an einer Stelle (hier 1), bei der nur der Funktionswert an der Stelle und die lineare Änderung in Abhängigkeit von der Differenz der x-Werte (hier h) berücksichtigt wird. Quadratische Terme (proportional zu h^2) und weitere nichtlineare Terme werden vernachlässigt.

$$f(x) = f(1 + h) \approx \underbrace{1}_{\substack{\text{Funk-} \\ \text{tions-} \\ \text{wert}}} + \underbrace{2h}_{\substack{\text{line-} \\ \text{arer} \\ \text{Term}}}$$

Diese Terme, die für $h \to 0$ schneller gegen 0 gehen als h, bezeichnen wir mit $o(h)$.

$$f(x) = f(1 + h) = 1 + 2h + o(h)$$

Diese höheren Terme werden für kleines $h = x - 1$, also in der Umgebung des betrachteten x-Werts 1, sehr klein.

Wenn $h = 0{,}1$ dann ist
$h^2 = 0{,}01$ und
$h^3 = 0{,}001$.

Für kleines h ist die Linearisierung (bei differenzierbaren Funktionen) daher eine gute Näherung.

$(1 + h)^2 \approx 1 + 2h$
$1{,}1^2 \approx 1{,}2$ (exakt: 1,21)
$1{,}01^2 \approx 1{,}02$ (exakt: 1,0201)

Der Koeffizient vor h in der Linearisierung ist gerade die Ableitung, die Steigung der Tangente, die angibt, wie stark sich die Funktion an der Stelle in linearer Näherung ändert.

$f(x) = x^2$, für $x = 1$:
$$(1 + h)^2 = \underbrace{1}_{f(1)} + \underbrace{2}_{f'(1)} h + o(h)$$

Für eine allgemeine Stelle x_0:
$$(x_0 + h)^2 = \underbrace{x_0^2}_{f(x_0)} + \underbrace{2x_0}_{f'(x_0)} h + o(h)$$

mit $f'(x_0) = 2x_0$, d. h. $f'(x) = 2x$.

Dies gilt auch allgemein.

$$f(x + h) = f(x) + hf'(x) + o(h)$$

Wie kannst du nutzen, dass die Ableitung die Linearisierung ist?

Wenn du also eine lineare Näherung einer Funktion angeben kannst, kannst du die Ableitung direkt ablesen.

$$f(x) = x^3$$
$$(x_0 + h)^3 = \underbrace{x_0^3}_{f(x_0)} + \underbrace{3x_0^2}_{f'(x_0)} h + o(h)$$

Somit: $f'(x_0) = 3x_0^2$, d. h. $f'(x) = 3x^2$

Die Variable h steht für die Abweichung des x-Werts von der betrachteten Stelle ($x_0 = 1$). Statt h kann man auch $\Delta x = x - x_0$ oder auch dx schreiben.

Man nennt das dx Differenzial und kann es als lineare Abbildung auffassen (führt dann zu Differenzialformen) oder auch als infinitesimale Zahl (keine reelle Zahl, aber hyperreelle Zahl). Beides führt hier zu weit.

Wenn du dx schreibst, lässt du die höheren Terme weg.

$$(x + dx)^3 = x^3 + 3x^2 dx$$

Das geht auch für eine beliebige (differenzierbare) Funktion.

$$f(x + dx) = f(x) + f'(x)dx$$

Du kannst dann die Änderung in y auch als dy schreiben.

$$y + dy = f(x + dx) = \underbrace{f(x)}_{y} + \underbrace{f'(x)dx}_{dy}$$

Wenn du formal durch dy dividierst, erhältst du eine neue Schreibweise für die Ableitung, die manchmal Vorteile hat, aber mit Vorsicht zu verwenden ist. Es ist kein Bruch im üblichen Sinne.

$$dy = f'(x)\, dx$$
$$\frac{dy}{dx} = f'(x)$$

Wie leitest du ein Produkt ab?

Die Ableitung des Produkts zweier Funktionen ist die erste Funktion abgeleitet mal die zweite plus die erste mal die zweite Funktion abgeleitet.

$$(uv)' = u'v + uv'$$

$$f(x) = \underbrace{x^2}_{u}\,\underbrace{e^x}_{v}$$

d. h. $u = x^2, v = e^x$,
somit $u' = 2x, v' = e^x$,

$$f'(x) = \underbrace{2x}_{u'}\,\underbrace{e^x}_{v} + \underbrace{x^2}_{u}\,\underbrace{e^x}_{v'}.$$

Das kannst du verstehen, indem du die Änderung des Produkts zweier Funktionen bis in erster Ordnung von h betrachtest. Wir schreiben ab der dritten Zeile u statt $u(x)$ etc.

$$u(x+h)v(x+h)$$
$$= (u(x)+hu'(x))(v(x)+hv'(x))+o(h)$$
$$= uv + \underbrace{(u'v + uv')}_{(uv)'}h + \underbrace{u'v'h^2}_{o(h)}$$

Du kannst es auch verstehen, indem du das Produkt $u(x)v(x)$ als Fläche interpretierst und dir überlegst, wie sich die Fläche in erster Ordnung verändert.

hv'	huv'	$\sim h^2$
$v(x)$	uv	$hu'v$

$$u(x) \qquad hu'$$

Flächenänderung in erster Ordnung:
$(u'v + uv')h$

Du kannst die Produktregel auch mit Differenzialen schreiben.

$$d(uv) = u\,dv + v\,du$$
$$u = x^2, du = 2x\,dx$$
$$v = e^x, dv = e^x dx$$
$$d(x^2 e^x) = x^2 e^x dx + e^x 2x\,dx =$$
$$= (x^2 + 2x)e^x dx$$

Wie leitest du einen Quotienten ab?

Die Ableitung des Quotienten zweier Funktionen ist der Zähler abgeleitet mal der Nenner minus der Zähler mal der Nenner abgeleitet und das Ganze durch den Nenner im Quadrat dividiert.

$$\left(\frac{u}{v}\right)' = \frac{u'v - uv'}{v^2}$$

$$y(x) = \frac{x}{1 + x^2}$$

d. h. $u = x$, $v = 1 + x^2$, somit $u' = 1$, $v' = 2x$,

$$y'(x) = \frac{1 \cdot (1 + x^2) - 2x \cdot x}{(1 + x^2)^2}$$

$$= \frac{1 - x^2}{(1 + x^2)^2}.$$

Diese Quotientenregel kann man ähnlich herleiten wie die Produktregel.

Den Bruch, den du erhältst, erweiterst du geschickt so, dass im Nenner kein in h linearer Term mehr auftaucht, sondern nur noch ein quadratischer Term h^2, den du für die Bestimmung der Ableitung (Änderung in erster Ordnung von h) weglassen kannst. Wir schreiben ab der zweiten Zeile u statt $u(x)$ etc.

$$\frac{u(x + h)}{v(x + h)} = \frac{u(x) + hu'(x)}{v(x) + hv'(x)}$$

$$= \frac{(u + hu'))(v - hv')}{(v + hv')(v - hv')}$$

$$= \frac{uv + h(u'v - uv') - h^2u'v'}{v^2 - h^2v'^2}$$

$$= \frac{uv + h(u'v - uv')}{v^2} + o(h)$$

$$= \frac{u}{v} + h \underbrace{\frac{u'v - uv'}{v^2}}_{\left(\frac{u}{v}\right)'} + o(h)$$

Der lineare Term ist die Ableitung und liefert dir die Quotientenregel.

$$\left(\frac{u}{v}\right)' = \frac{u'v - uv'}{v^2}$$

Was ist eine verkettete Funktion?

Bei einer verketteten Funktion sind zwei Funktionen ineinander geschachtelt, man berechnet erst eine Funktion, wendet auf ihren Wert (z für Zwischenergebnis) dann die zweite Funktion an.

Man bezeichnet die Funktion, die man zuerst berechnet, als innere Funktion (da sie oft innen, in Klammern steht), die Funktion, die man als zweites berechnet, als äußere Funktion.

Achtung: Die Funktion, die man als erstes berechnet, steht in Leserichtung als zweites (weiter rechts).

Es kommt im Allgemeinen auf die Reihenfolge an.

Immer wenn unter einer Wurzel oder als Argument einer Funktion nicht nur ein schlichtes x steht, sondern ein Ausdruck von x, also eine Funktion von x, handelt es sich um eine verkettete Funktion.

Verkettete Funktionen treten häufig in Anwendungen auf, wenn etwa die Kraft auf einen Körper vom Ort des Körpers abhängt, dieser aber wiederum von der Zeit.

Berechne aus x erst $x^2 (= z)$, dann Sinus: $\sin(z) = \sin(x^2)$.

Du erhältst dann $y(x) = \sin(x^2)$. $\sin(x^2)$ ist eine verkettete Funktion.

Bei $y(x) = \sin(x^2)$:
inn. Fkt.: $g(x) = x^2$
äuß. Fkt.: $f(z) = \sin(z) = \sin(x^2)$

$y(x) = f(g(x))$
g: innere Funktion
f: äußere Funktion

Bei $f(g(x))$ berechnet man zunächst $g(x)$, dann f davon.

$\sin(x^2) \neq (\sin(x))^2$

Verkettete Funktionen:

$\sqrt{x+1}$ innere Funktion: $x + 1$

$\ln(2x)$ innere Funktion: $2x$

$\dfrac{1}{x^2 + 1}$ innere Funktion: $x^2 + 1$

$F(x(t))$

Kraft F hängt vom Ort x ab,
Ort x hängt von der Zeit t ab.

Wie bestimmst du die Ableitung einer verketteten Funktion?

Die Ableitung einer verketteten Funktion bestimmst du, indem du erst die innere Funktion ableitest und dann mit der Ableitung der äußeren Funktion multiplizierst (und dabei die innere Funktion einfach übernimmst).

$$(\sin(x^2))' = \underbrace{2x}_{\substack{\text{Ableitung} \\ \text{von } x^2}} \cdot \underbrace{\cos}_{\substack{\text{Ableitung} \\ \text{von } \sin}} (x^2)$$

Dies ist die Kettenregel: Ableitung einer verketteten Funktion ist gleich innere Ableitung mal äußere Ableitung.

$$f(g(x))' = g'(x)f'(g(x))$$

Du kannst die Kettenregel verstehen, indem du die Linearisierung betrachtest. Wenn du $y(x) = f(g(x))$ linearisierst, d. h. in erster Ordnung von dx betrachtest, musst du erst die Funktion g an der Stelle x linearisieren, dann die Funktion f an der Stelle $g(x)$, wobei das h dann ein anderes ist, wir bezeichnen es mit $\tilde{h}$. Wenn du bei dem Ergebnis den Koeffizienten zu dem h abliest (=Ableitung), erhältst du die Kettenregel.

$$f(g(x+h)) = f(g(x)+hg'(x)+o(h)) =$$
$$= f(g(x)+\tilde{h})+o(h) \quad \text{mit } \tilde{h} = hg'(x)$$
$$= f(g(x)) + \tilde{h}f'(g(x)) + o(h)$$
$$= f(g(x)) + h\underbrace{g'(x)f'(g(x))}_{(f(g(x)))'}+o(h)$$

Du kannst dir die Kettenregel auch mit der dy/dx-Schreibweise merken.

$$y = f(g(x))$$
$$y' = \frac{dy}{dx} = \frac{d\,f(g(x))}{dx} = \frac{df}{dx} = \frac{df}{dg}\frac{dg}{dx}$$

Wenn du eine mehrfach verkettete Funktion hast, arbeitest du dich von innen nach außen vor und multiplizierst die jeweiligen Ableitungen.

$$f(g(h(x)))' =$$
$$= h'(x)\,g'(h(x))\,f'(g(h(x)))$$
$$\left(\sin\left(e^{x^2}\right)\right)' = 2x\,e^{x^2}\cos\left(e^{x^2}\right)$$

Wie leitest du Exponentialfunktionen ab?

Die Exponentialfunktion mit allgemeiner Basis a^x kannst du mit den Regeln zur Potenzrechnung in eine Exponentialfunktion zur Basis e umschreiben.

$$a^x = (e^{\ln(a)})^x = e^{x \ln(a)}$$

Es ist eine verkettete Funktion, deren Ableitung du mit der Kettenregel berechnen kannst.

$$f(x) = e^{x \ln(a)}$$
$$f'(x) = \ln(a)e^{x \ln(a)} = \ln(a)a^x$$

Die Steigung der Exponentialfunktion a^x an der Stelle $x = 0$ ist also gerade der natürliche Logarithmus von a.

$$f'(0) = \ln(a)$$

Hier erkennst du wieder, dass die Funktion e^x bei $x = 0$ die Steigung 1 hat und alle Exponentialfunktionen a^x mit $a < e$ eine Steigung kleiner als 1 haben und alle mit $a > e$ eine Steigung größer als 1.

$$f(x) = e^x \Rightarrow f'(0) = 1$$
$$f(x) = 2^x \Rightarrow f'(0) = 0{,}693\ldots < 1$$
$$f(x) = 3^x \Rightarrow f'(0) = 1{,}099\ldots > 1$$
s. vorne

Vorhin hast du schon gesehen, dass die Exponentialfunktion e^x besonders ist, da sie sich nicht verändert, wenn du sie ableitest. Man gibt ihr oft einen eigenen Namen, $\exp(x)$.

$$\exp(x) = e^x$$
$$(\exp(x))' = \exp(x)$$

Wie bestimmst du die Ableitung der Umkehrfunktion einer Funktion?

Der Graph der Umkehrfunktion ist der Graph der ursprünglichen Funktion an der Winkelhalbierenden $y = x$ gespiegelt.

Damit kannst du die Ableitung der Umkehrfunktion bestimmen. Ich zeige dir das am Beispiel der Ableitung von $\ln(x)$ an der Stelle $x = e$.

Der Punkt $(e, 1)$ auf dem Graphen der Logarithmusfunktion entspricht dem Punkt $(1, e)$ auf dem Graphen der e-Funktion.

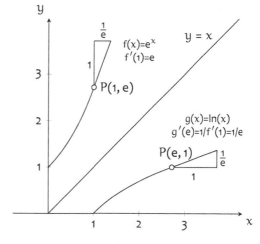

Die entsprechenden Steigungsdreiecke sind auch an der Winkelhalbierenden gespiegelt, daher sind Ankathete und Gegenkathete vertauscht und die Steigung des zweiten Dreiecks ist der Kehrwert der Steigung des ersten.

$$g'(e) = \frac{1}{e} = \frac{1}{f'(1)}$$

Dies gilt auch an einer allgemeinen Stelle.

$$g'(e^x) = \frac{1}{f'(x)}$$

$$\ln'(e^x) = \frac{1}{e^x} \Rightarrow \ln'(x) = \frac{1}{x}$$

Und analog funktioniert es auch für eine beliebige Funktion und ihre Umkehrfunktion.

$g(x)$ ist Umkehrfunktion von $f(x)$.

$$\Rightarrow g'(f(x)) = \frac{1}{f'(x)}$$

161

Wie bestimmst du konkret die Ableitung der Umkehrfunktion einer Funktion?

Du kannst die Ableitung der Umkehrfunktion auch mit der Kettenregel bestimmen. Wir bezeichnen die Umkehrfunktion einfachheitshalber mit g.

Definition der Umkehrfunktion g:
$$g(f(x)) = x, \quad y = f(x), x = g(y)$$

Leite beide Seiten ab:
$$f'(x)\, g'(f(x)) = 1$$

Löse nach der Ableitung g' auf:
$$g'(f(x)) = \frac{1}{f'(x)}, \text{ oder}$$
$$g'(y) = \frac{1}{f'(x)} \text{ oder } g'(y) = \frac{1}{f'(g(y))}$$

So kannst du die Ableitung der Logarithmusfunktion bestimmen.

Die Auflösung von $y = f(x) = e^x$ ist $x = g(y) = \ln(y)$.
$$g'(y) = (\ln(y))' = \frac{1}{f'(x)} = \frac{1}{e^x} = \frac{1}{y}$$
$$\Rightarrow (\ln(x))' = \frac{1}{x}$$

Auch die Ableitung von $\ln(-x), x < 0$ ergibt (Kettenregel) $1/x$. Daher gilt $(\ln|x|)' = 1/x$.

Du kannst so auch die Umkehrfunktion der Tangensfunktion, man nennt sie Arcustangens, arctan(x), ableiten.

Die Auflösung von $y = f(x) = \tan(x)$ ist $x = g(y) = \arctan(y)$.
$$g'(y) = \frac{1}{f'(x)} = \frac{1}{\tan'(x)}$$

Ableitung von $\tan(x) = \frac{\sin(x)}{\cos(x)}$:
$$\tan'(x) = \frac{\cos(x)\cos(x) - (-\sin(x)\sin(x))}{\cos^2(x)}$$
$$= 1 + \frac{\sin^2(x)}{\cos^2(x)} = 1 + \tan^2(x)$$

Somit:
$$(\arctan(y))' = \frac{1}{\tan'(x)} =$$
$$= \frac{1}{1 + \tan^2(x)} = \frac{1}{1 + y^2}$$
$$\Rightarrow (\arctan(x))' = \frac{1}{1 + x^2}$$

Übersicht: Funktionen und ihre Ableitungen

Hier findest du die wichtigsten einfachen Funktionen mit ihren Ableitungen und die Ableitungsregeln für zusammengesetzte Funktionen.

$y = f(x)$	$y' = f'(x)$
x^n	nx^{n-1}
e^x	e^x
$\ln(x)$	$\dfrac{1}{x}$
$\sin(x)$	$\cos(x)$
$\cos(x)$	$-\sin(x)$
$af(x) + bg(x)$	$af'(x) + bg'(x)$
$f(x)g(x)$	$f'(x)g(x) + f(x)g'(x)$
$\dfrac{f(x)}{g(x)}$	$\dfrac{f'(x)g(x) - f(x)g'(x)}{g^2(x)}$
$f(g(x))$	$g'(x)f(g(x))$

Die folgenden Ableitungen brauchst du nicht auswendig zu wissen, sondern kannst du dir selbst einfach herleiten:

$$(a^x)' = \left(e^{x\ln(a)}\right)' = \ln(a)e^{x\ln(a)} = \ln(a)a^x$$

$$(\log_a(x))' = \left(\frac{1}{\ln(a)}\ln(x)\right)' = \frac{1}{\ln(a)x}$$

$$(\tan(x))' = \left(\frac{\sin(x)}{\cos(x)}\right)' = \frac{\cos^2(x) + \sin^2(x)}{\cos^2(x)} = \frac{1}{\cos^2(x)}$$

Wie bestimmst du Kandidaten für Minima und Maxima?

Bei einer lokalen Minimalstelle x_{min} einer Funktion hat die Funktion ein lokales Minimum, d. h., es gibt eine Umgebung von x_{min}, sodass der Funktionswert dort überall größer ist.

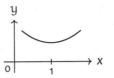

Die Funktion hat bei $x_{min} = 1$ ein Minimum.

Bei einer lokalen Maximalstelle x_{max} einer Funktion hat die Funktion ein lokales Maximum, d. h., es gibt eine Umgebung von x_{max}, sodass der Funktionswert dort überall kleiner ist.

Die Funktion hat bei $x_{max} = 1$ ein Maximum.

Eine notwendige Bedingung für ein Maximum oder ein Mimimum ist, dass die Ableitung der Funktion (wenn sie existiert) gleich 0 ist.

Wenn bei einem Maximum (Min.) die Ableitung nicht 0 wäre, sondern größer als 0, dann wäre ein wenig rechts (links) davon der Funktionswert größer (kleiner), daher läge also kein Maximum (Min.) vor. Analog, wenn die Ableitung kleiner als 0 wäre, dann wäre der Funktionswert links davon etwas größer.

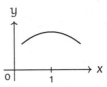

Für $f'(1) > 0$ kann $x = 1$ keine Maximalstelle sein, da für kleines $\epsilon > 0$ der Wert $f(1 + \epsilon) > f(1)$ wäre.

Allerdings ist die Bedingung, dass $f'(x) = 0$ ist, nicht hinreichend. Es kann auch $f'(x) = 0$ sein, ohne dass ein Maximum oder Minimum vorliegt. Man nennt dies einen Sattelpunkt.

Es ist $f'(1) = 0$, aber $f(1)$ ist kein Min/Max, sondern ein Sattelpunkt.

Wie bestimmst du, ob ein Minimum oder Maximum vorliegt?

Wenn du von links nach rechts durch ein Minimum gehst, gehst du erst nach unten ($f' < 0$), ganz unten ist es eben ($f' = 0$), dann gehst du wieder nach oben ($f' > 0$).

$f'(x_0) = 0$
und $f'(x) < 0$ für $x < x_0$
und $f'(x) > 0$ für $x > x_0$
$\Rightarrow x_0$ ist Min.stelle, $f(x_0)$ Minimum

Wenn du von links nach rechts durch ein Maximum gehst, gehst du erst nach oben ($f' > 0$), ganz oben ist es eben ($f' = 0$), dann gehst du wieder nach unten ($f' < 0$).

$f'(x_0) = 0$
und $f'(x) > 0$ für $x < x_0$
und $f'(x) < 0$ für $x > x_0$
$\Rightarrow x_0$ ist Max.stelle, $f(x_0)$ Maximum

Du findest daher die möglichen Extrempunkte, indem du die Funktion ableitest und die Nullstelle(n) von $f'(x)$ bestimmst.

$f(x) = x^3 - 3x$
$f'(x) = 3x^2 - 3 = 0$
$x_{1,2} = \pm 1$

Du musst dann noch prüfen, ob $f'(x)$ an der Stelle das Vorzeichen wechselt.

Bei $x = -1$ wechselt f' von + nach −, also Max.
Bei $x = 1$ wechselt f' von − nach +, also Min.

Alternativ kannst du auch die zweite Ableitung berechnen, die die Krümmung angibt.

Wenn diese größer als 0 ist, ist die Kurve linksgekrümmt, dann liegt ein Minimum vor; bei kleiner als 0 ist die Kurve rechtsgekrümmt, dann liegt ein Maximum vor.

$f'' > 0$, also Linkskrümmung
$\Rightarrow$ Minimum

$f'' < 0$, also Rechtskrümmung
$\Rightarrow$ Maximum

Wenn die zweite Ableitung 0 ist, kannst du entweder den Vorzeichenwechsel der ersten Ableitung betrachten (s.o.) oder höhere Ableitungen.

Wenn die erste Ableitung, die ungleich null ist, eine geradzahlige Ableitung ist, liegt ein Extremum vor. Ist sie eine ungeradzahlige Ableitung, liegt ein Sattelpunkt vor.

Was sagt die zweite Ableitung aus?

Die zweite Ableitung ist einfach die erste Ableitung (die von x abhängt, also auch eine Funktion ist) nochmals abgeleitet.

$$f(x) = x^2 - 2x + 2$$
$$f'(x) = 2x - 2$$
$$f''(x) = 2$$

$f''(x)$ gibt also an, wie schnell an der Stelle x die Steigung der Funktion f zunimmt oder abnimmt.

Wenn die zweite Ableitung positiv ist, also die Steigung mit zunehmendem x-Wert zunimmt, dann ist der Graph der Funktion linksgekrümmt: Wenn du in Richtung positiver x-Werte fährst, musst du den Lenker nach links drehen.

f'' > 0: Linkskrümmung

Wenn die zweite Ableitung negativ ist, also die Steigung mit zunehmendem x-Wert abnimmt, dann ist der Graph der Funktion rechtsgekrümmt: Wenn du in Richtung positiver x-Werte fährst, musst du den Lenker nach rechts drehen.

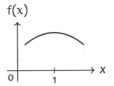

f'' < 0: Rechtskrümmung

Was sind Wendepunkte, wie bestimmst du sie?

Wenn die zweite Ableitung an einer Stelle x das Vorzeichen wechselt (also von linksgekrümmt nach rechtsgekrümmt übergeht, oder umgekehrt), sagt man, dass bei x ein Wendepunkt vorliegt.

für $x < 1$: Rechtskrümmung
für $x > 1$: Linkskrümmung
bei $x = 1$: Wendepunkt

Es ist analog wie bei der ersten Ableitung. Wenn diese von positiv zu negativ bzw. von negativ zu positiv wechselt, liegt ein Extrempunkt vor (Maximum bzw. Minimum).

Bei den Wendepunkten unterscheidet man nicht zwischen den beiden Fällen.

Du findest die Wendepunkte, indem du die Funktion zweimal ableitest und die Nullstellen von $f''(x)$ bestimmst.

$f(x) = x^3 - 3x^2 + 2x + 1$
$f'(x) = 3x^2 - 6x + 2$
$f''(x) = 6x - 6 = 0 \Rightarrow x = 1$

Du musst dann noch überprüfen, ob $f''(x)$ an der Stelle das Vorzeichen wechselt, bzw. ob $f'''(x) \neq 0$ ist. Wenn $f'''(x) \neq 0$, hast du einen Wendepunkt gefunden. Wenn $f'''(x) = 0$, kann ein Wendepunkt vorliegen oder auch nicht.

$f''(1) = 0$
$f'''(1) = 6 \neq 0$
$\Rightarrow$ Wendepunkt bei $x = 1$.

Wenn die erste Ableitung nach f'', die ungleich null ist, eine ungeradzahlige Ableitung ist, liegt ein Wendepunkt vor.

Für $f(x) = x^5$ ist $f''(0) = 0$,
$f'''(0) = 0$, $f^{(iv)} = 0$, $f^{(v)} = 120 \neq 0$.
$\Rightarrow$ Wendepunkt bei $x = 0$.

Übrigens bezeichnet man einen Wendepunkt mit horizontaler Tangente ($f'(x) = 0$) als Sattelpunkt.

$f'(1) = f''(1) = 0$, $f'''(1) \neq 0$
$\Rightarrow$ Sattelpunkt bei $x = 1$

Warum ist das geometrische Mittel kleiner gleich dem arithmetischen Mittel (I)?

Das arithmetische Mittel zweier Zahlen ist die Zahl, die zu sich selbst addiert die Summe der beiden Zahlen ergibt, also die Hälfte der Summe.

$$\overline{a}_{arith} + \overline{a}_{arith} = a_1 + a_2$$

$$\overline{a}_{arith} = \frac{1}{2}(a_1 + a_2)$$

Das geometrische Mittel zweier Zahlen ist die Zahl, die mit sich selbst multipliziert das Produkt der beiden Zahlen ergibt, also die Wurzel des Produkts.

$$\overline{a}_{geom} \cdot \overline{a}_{geom} = a_1 \cdot a_2$$

$$\overline{a}_{geom} = \sqrt{a_1 \cdot a_2}$$

Beide Definitionen verallgemeinern sich direkt auf n Zahlen.

$$\overline{a}_{arith} = \frac{1}{n}(a_1 + a_2 + \cdots + a_n)$$

$$\overline{a}_{geom} = \sqrt[n]{a_1 a_2 \cdots a_n}$$

Für $n = 2$ kann man auf einfache Weise beweisen, dass das arithmetische Mittel mindestens so groß ist wie das geometrische.

$$0 \leq \left(\sqrt{a} - \sqrt{b}\right)^2$$

$$0 \leq a - 2\sqrt{a}\sqrt{b} + b$$

$$\sqrt{ab} \leq \frac{a + b}{2}$$

Diese Ungleichung kann man auch geometrisch erkennen.

Die beiden kleinen rechtwinkligen Dreiecke mit Katheten a und h bzw. h und b sind zueinander ähnlich und somit gilt $\frac{h}{a} = \frac{b}{h}$, also ist die Höhe des großen rechtwinkligen Dreiecks $h = \sqrt{ab}$.

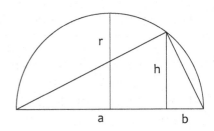

Der Radius des Kreises ist $r = \frac{a+b}{2}$. Da die Höhe des Dreiecks kleiner gleich dem Radius des Kreises ist, gilt also $\sqrt{ab} \leq \frac{a+b}{2}$.

$$h = \sqrt{ab} \leq \frac{a + b}{2} = r$$

Warum ist das geometrische Mittel kleiner gleich dem arithmetischen Mittel (II)?

Wenn man die Ungleichung für $n > 2$ beweisen will, kann man dies entweder mit vollständiger Induktion tun oder mit einer Ungleichung aus der Analysis, nämlich $e^x \geq 1 + x$.

$$e^x \geq 1 + x$$

Da die Funktion e^x linksgekrümmt ist (die zweite Ableitung e^x ist > 0 für alle $x \in \mathbb{R}$), liegt der Graph der Funktion für $x \neq 0$ stets über der Tangente $1 + x$.

Für den Beweis schätzt man $\exp(a_i/A - 1)$ nach unten ab, wobei A das arithmetische Mittel sei.

$$\exp\left(\frac{a_i}{A} - 1\right) \geq 1 + \frac{a_i}{A} - 1 = \frac{a_i}{A}$$

Dann multipliziert man diese Ungleichungen für $i = 1, \ldots, n$ miteinander.

$$\prod_{i=1}^{n} \exp\left(\frac{a_i}{A} - 1\right) \geq \prod_{i=1}^{n} \frac{a_i}{A}$$

Das Produkt von e hoch Exponent ist e hoch die Summe der Exponenten, und auf der rechten Seite kann man die von i unabhängige Konstante A aus dem Produkt herausziehen.

$$\exp\left(\sum_{i=1}^{n} \left(\frac{a_i}{A} - 1\right)\right) \geq \frac{\prod_{i=1}^{n} a_i}{A^n}$$

Die Summe auf der linken Seite ist wegen $\sum a_i = nA$ gleich null; das Produkt auf der rechten Seite ist wegen der Definition des geometrischen Mittels G gleich G^n.

$$\exp(0) \geq \frac{G^n}{A^n}$$

Somit ist bewiesen, dass das geometrische Mittel G kleiner gleich dem arithmetischen Mittel A ist.

$$G \leq A$$

$$\sqrt[n]{a_1 a_2 \cdots a_n} \leq \frac{a_1 + a_2 + \cdots + a_n}{n}$$

Ersetzt man a_i durch $1/a_i$, so erhält man, dass das harmonische Mittel H (Kehrwert des arithmetischen Mittels der Kehrwerte) kleiner gleich dem geometrischen Mittel ist.

$$H = \frac{n}{\frac{1}{a_1} + \frac{1}{a_2} + \cdots + \frac{1}{a_n}}$$

$$H \leq G \leq A$$

Übersicht: Bestimmung von Extremwerten und Wendepunkten

Bei beliebig häufig differenzierbaren Funktionen bestimmst du Extremwerte und Wendepunkte im Inneren des Definitionsbereichs wie folgt:

Kriterien für Extremwerte
notwendig $f'(x_0) = 0,$ $f''(x_0) > 0$: Minimum $\qquad\qquad\;\; f''(x_0) < 0$: Maximum $\qquad\qquad\;\; f''(x_0) = 0$ und $f'''(x_0) \neq 0$: Sattelpunkt

notwendig und hinreichend
• f' wechselt das Vorzeichen bei x_0
  von + nach - : Max;   von - nach + : Min
• Die erste Ableitung $f^{(k)}$, die ungleich 0 ist, hat gerades k.
  $f^{(k)} > 0$: Min, $f^{(k)} < 0$: Max
  Wenn $f'(x_0) = 0$ und dieses k ungerade ist: Sattelpunkt.

Kriterien für Wendepunkte
notwendig $f''(x_0) = 0,$ $f'''(x_0) > 0$: von rechts- nach linksgekrümmt $\qquad\qquad\;\; f'''(x_0) < 0$: von links- nach rechtgekrümmt $\qquad\qquad\;\; f'''(x_0) = 0$ und $f''''(x_0) \neq 0$: Extremwert, s.o.
notwendig und hinreichend • f'' wechselt das Vorzeichen bei x_0 von + nach - : von l- nach r-gekrümmt; von - nach + : von r- nach l-gekrümmt. • Die erste Ableitung $f^{(k)}$, die ungleich 0 ist, hat ungerades k.

Übersicht: Wie hängen die Graphen von f und f′ zusammen?

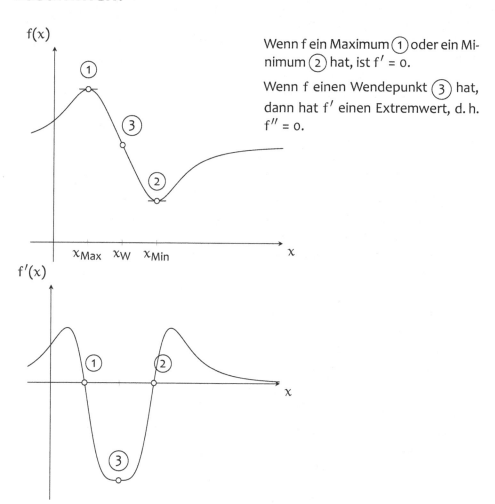

Wenn f ein Maximum ① oder ein Minimum ② hat, ist f′ = 0.

Wenn f einen Wendepunkt ③ hat, dann hat f′ einen Extremwert, d. h. f″ = 0.

f	steigend	fallend	Maximum	Minimum	Wendepunkt
f′	> 0	< 0	= 0, fallend	= 0, steigend	Extremwert

Wie löst du Extremwertaufgaben (I)?

Eine Extremwertaufgabe ist eine Textaufgabe, bei der eine Größe maximal (oder minimal) werden soll.

Wie muss man die Seiten eines Rechtecks mit Umfang 1 m wählen, damit die Fläche maximal ist?

■ Wenn irgendwie möglich, mache eine Skizze.

■ Stelle alle Größen aus der Aufgabe und der Skizze zusammen und benenne sie. Überlege dir, in welchen Einheiten du sie angibst.

Fläche (soll maximal werden): F
Umfang (gegeben): U
Seitenlängen (aus Skizze) a, b
Längen in m, Flächen in m²

■ Überlege, welche Größe maximal werden soll und stelle eine Gleichung für sie auf, die zeigt, von welchen Größen sie abhängt.

F soll maximal werden.
$F = a \cdot b$

■ Wenn sie von zwei (oder mehr) Größen abhängt, überlege dir, wie diese Größen unter sich voneinander abhängen, man nennt das die Nebenbedingung.

Umfang $U = 1$
$U = a + b + a + b = 2(a + b) = 1$

■ Löse die Nebenbedingung nach einer Variablen auf und setze diese Variable in die zu maximierende Größe ein.

$2(a + b) = 1 \Rightarrow b = \frac{1}{2} - a$

$F = ab = a\left(\frac{1}{2} - a\right)$

■ Die zu maximierende Größe (nennen wir sie f) hängt dann nur noch von einer unabhängigen Variablen (nennen wir sie x) ab.

$f(x) = x\left(\frac{1}{2} - x\right) = \frac{1}{2}x - x^2$

Wie löst du Extremwertaufgaben (II)?

(Fortsetzung von vorheriger Seite)

■ Bestimme dann das Maximum, indem du $f'(x) = 0$ setzt, nach x auflöst und prüfst, ob $f''(x) < 0$ (bei Minimum > 0) ist.

$$f'(x) = \frac{1}{2} - 2x = 0$$

$$x = \frac{1}{4}, f''(x) = -2 < 0, \text{ ok}$$

■ Übersetze die Lösung x mit dem maximalen Wert $f(x)$ in die Sprache des Problems zurück und prüfe auf Plausibilität.

$$x = \frac{1}{4}, f(x) = \frac{1}{4}\left(\frac{1}{2} - \frac{1}{4}\right) = \frac{1}{16}$$

$$a = \frac{1}{4}, b = \frac{1}{2} - \frac{1}{4} = \frac{1}{4}, F = \frac{1}{16}$$

a und b sind gleich groß, die Fläche ist positiv, ok.

■ Formuliere die Antwort als vollständigen Satz, vergiss dabei nicht, die Einheiten wieder hinzuzufügen.

Das Rechteck mit maximaler Fläche ergibt sich, wenn die beiden Seiten gleich lang sind, also ein Quadrat vorliegt. Sie sind dann $\frac{1}{4}$ m = 25 cm lang, die maximale Fläche ist $\frac{1}{16}$ m².

Wie machst du eine Kurvendiskussion?

Wir zeigen eine Kurvendiskussion am Beispiel eines Polynoms vierten Grades.

$$y = f(x) = x^4 - x^2$$

Am besten du schreibst dir zu Beginn die ersten drei Ableitungen hin.

$$f'(x) = 4x^3 - 2x$$
$$f''(x) = 12x^2 - 2$$
$$f'''(x) = 24x$$

Du berechnest zunächst die Nullstellen der Polynomfunktion, sofern analytisch möglich. Zeichne diese in ein Koordinatensystem (s. u.).

$$y = f(x) = x^4 - x^2 = 0$$
$$x^2(x^2 - 1) = 0$$
$$\Rightarrow \text{a) } x^2 = 0 \text{ oder b) } x^2 - 1 = 0$$
a) $x_{1,2} = 0$, $N_{1,2}(0,0)$ doppelte N.
b) $x_{3,4} = \pm 1$, $N_3(-1,0), N_4(1,0)$

Dann berechnest du die Nullstellen der Ableitung, das sind die Kandidaten für die Extremwerte, und testest mit $f''(x)$. Zeichne diese Punkte mit einem kleinen Stückchen horizontaler Tangente ein.

$$f'(x) = 0 \Rightarrow x(4x^2 - 2) = 0$$
a) $x = 0 \Rightarrow x_1 = 0$
$f''(0) = -2 < 0 \Rightarrow \text{Max}(0,0)$
b) $2x^2 - 1 = 0 \Rightarrow x_{2,3} = \pm\frac{1}{\sqrt{2}}$
$f''(\pm\frac{1}{\sqrt{2}}) = 4 > 0 \Rightarrow \text{Min}(\pm\frac{1}{\sqrt{2}}, -\frac{1}{4})$

Danach berechnest du die Nullstellen der zweiten Ableitung, das sind die Kandidaten für die Wendepunkte. Berechne den Funktionswert und den Wert der Ableitung und zeichne die Punkte mit einem kleinen Stückchen der Tangente ein.

$$f''(x) = 0 \Rightarrow 12x^2 - 2 = 0$$
$$\Rightarrow x_{1,2} = \pm\frac{1}{\sqrt{6}}$$
$$f'''(\pm\frac{1}{\sqrt{6}}) \neq 0 \Rightarrow W_{1,2}(\pm\frac{1}{\sqrt{6}}, -\frac{5}{36})$$

Abschließend verbindest du die Punkte und achtest darauf, dass die Kurve in Richtung der jeweiligen Tangente verläuft.

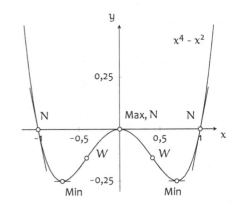

Übersicht: Kurvendiskussion

Mit einer Kurvendiskussion verschaffst du dir einen Überblick, wie der Graph einer Funktion aussieht.

Dazu sammelst du möglichst viele Informationen zu der Funktion und ihrem Graphen und trägst die Information graphisch in ein Koordinatensystem ein (s. vorne Beispiel).

Prüfe, ob es eine Achsensymmetrie oder Punktsymmetrie gibt.
Symmetrie zur y-Achse: $f(-x) = f(x)$ Punktsymmetrie zum Ursprung: $f(-x) = -f(x)$
Achsenschnittpunkte
Bestimme den Schnittpunkt mit der y-Achse: Setze $x = 0$ in $f(x)$ ein.   Bestimme die Nullstellen, setze dazu $f(x) = 0$ und löse nach x auf.   Berechne auch jeweils noch die Ableitung an den Stellen.
Bestimme die Extrempunkte und die Wendepunkte.

Extrempunkte: Setze $f'(x) = 0$, löse nach x auf
   und prüfe $f''(x) \neq 0$ oder Vorzeichenwechsel von $f'(x)$.
 	
 Wendepunkte: Setze $f''(x) = 0$, löse nach x auf
   und prüfe $f'''(x) \neq 0$ oder Vorzeichenwechsel von $f''(x)$.

Bestimme das Verhalten für $x \rightarrow \pm\infty$ und die Asymptoten.
Skizziere den Graphen.

Integralrechnung

Mithilfe der Integralrechnung lassen sich Flächen unter Kurven berechnen, die als Graphen von Funktionen gegeben sind.

Entscheidend war die Erkenntnis von Newton und Leibniz, dass die Änderungsrate der Flächenfunktion gleich der Funktion ist, durch die der Graph gegeben ist.

Oder etwas laxer ausgedrückt: Die Ableitung der Fläche unter einer Kurve ist die Kurve selbst.

Analog erlaubt die Integralrechnung ganz allgemein die Berechnung von Größen aus ihren Änderungsraten.

So kann der Weg aus der Geschwindigkeit, die Geschwindigkeit aus der Beschleunigung, die Flüssigkeitsmenge aus dem Zufluss bestimmt werden.

Auch die Verallgemeinerung ins Mehrdimensionale ist problemlos möglich, man kann die Bahnkurve durch Integrieren aus dem Geschwindikeitsvektor und diesen aus dem Beschleunigungsvektor, d. h. der Kraft erhalten.

Es lassen sich Volumina und Oberflächen von krummlinig begrenzten Körpern berechnen und vieles mehr.

© Der/die Autor(en), exklusiv lizenziert an Springer-Verlag GmbH, DE, ein Teil von Springer Nature 2023
A. Gründers, *Mathe übersichtlich: Von den Basics bis zur Analysis*,
https://doi.org/10.1007/978-3-662-67184-9_10

Wie kannst du Flächen mit unendlichen Summen berechnen?

Um die Fläche unter der Parabel $y = x^2$ von $x = 0$ bis $x = 1$ zu berechnen, kannst du die Fläche näherungsweise in n schmale Rechtecke der Breite $h = 1/n$ und der Höhe $0, h^2, (2h)^2, \ldots$ unterteilen.

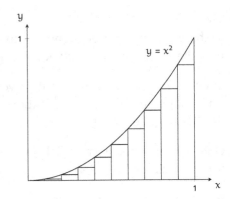

$n = 10$

Die Fläche unter der Parabel erhältst du als Limes $n \to \infty$ der Fläche F_n:
$F = \lim_{n \to \infty} F_n$.

$$F_n =$$
$$= h \underbrace{\left(0^2 + h^2 + (2h)^2 + \ldots + ((n-1)h)^2\right)}_{n \text{ Summanden}}$$

$$= h^3 \sum_{k=0}^{n-1} k^2 \quad \text{mit } h = \frac{1}{n}$$

Zur Berechnung benötigst du die Summenformel der ersten n Quadrate, die du mit vollständiger Induktion beweisen kannst.

$$\sum_{k=0}^{n-1} k^2 = \frac{(n-1)\,n\,(2n-1)}{6}$$

Damit findest du im Grenzwert $n \to \infty$ die Fläche unter der Parabel.

$$F = \lim_{n \to \infty} \frac{1}{n^3} \frac{(n-1)\,n\,(2n-1)}{6} = \frac{1}{3}$$

Auf diese Weise kann man die Fläche unterhalb der Graphen von Funktionen bestimmen. Du erfährst später eine viel einfachere Methode (Stichwort: Stammfunktion).

Was ist ein bestimmtes Integral?

Das bestimmte Integral über einer positiven Funktion von $x = a$ bis $x = b$ gibt die Fläche zwischen der x-Achse, dem Graph der Funktion und den beiden vertikalen Begrenzungen $x = a$ und $x = b$ an.

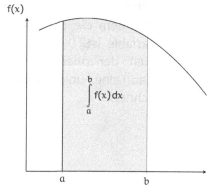

$$\int_a^b f(x)\,dx$$

Man bezeichnet a und b als untere und obere Grenze des Integrals, manchmal schreibt man auch $x = a$ und b oder $x = a$ und $x = b$.

$$\int_a^b f(x)\,dx = \int_{x=a}^{x=b} f(x)\,dx$$

Die Fläche zwischen $x = a$ und $x = a$ ist Null, egal, welche Funktion du integrierst.

$$\int_a^a f(x)\,dx = 0$$

Wenn du erst von a bis b integrierst und dann von b bis c, ist es dasgleiche, wie wenn du direkt von a bis c integrierst.

$$\int_a^b f(x)\,dx + \int_b^c f(x)\,dx = \int_a^c f(x)\,dx$$

Wenn du die Integralgrenzen vertauschst, dreht sich das Vorzeichen des Integrals um.

$$\int_b^a f(x)\,dx = -\int_a^b f(x)\,dx$$

Damit ergibt sich, wenn du von a bis b integrierst und von b nach a, dass du von a nach a integrierst und somit als Wert des Integrals Null.

$$\int_a^b f(x)\,dx + \int_b^a f(x)\,dx = 0$$

Die Integrationsvariable kannst du bezeichnen, wie du willst, das ist wie beim Index einer Summe.

$$\int_{x=0}^1 f(x)\,dx = \int_{u=0}^1 f(u)\,du$$

Was ist ein unbestimmtes Integral?

Ein unbestimmtes Integral ist ein Integral, bei dem die obere Grenze eine Variable ist. Die Fläche in Abhängigkeit der oberen Grenze definiert dann eine Funktion, oft als $F(x)$ bezeichnet.

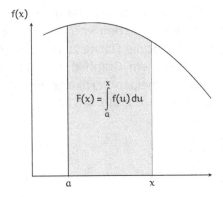

Wenn du die variable obere Grenze mit x bezeichnest, nimmst du für die Variable unter dem Integral eine andere Bezeichnung, sonst würde x zweimal mit unterschiedlicher Bedeutung vorkommen.

Das ist wie bei Summen, da nimmst du auch einen anderen Index innen als für die obere Grenze.

Manche nehmen auch die gleiche Bezeichnung, die innere Variable ist dann das, was beim Programmieren als lokale Variable bezeichnet wird.

Für konstante oder lineare Funktionen kannst du die Fläche elementargeometrisch bestimmen und somit das Integral direkt angeben.

$$F(x) = \int_a^x f(u)\,du$$

u: Integrationsvariable
x: obere Grenze

$$\sum_1^n a_k, \quad \text{nicht} \sum_1^n a_n$$

Nicht zu empfehlen:

$$F(x) = \int_a^x f(x)\,dx$$

$$\int_0^x c\,dx = cx,$$

da Fläche des Rechtecks mit Seiten x und c.

$$\int_0^x x\,dx = \frac{1}{2}x^2,$$

da Fläche des rechtwinkligen Dreiecks mit beiden Kathetenlängen x.

Was ist eine Stammfunktion?

Eine Funktion, deren Ableitung f ist, bezeichnet man als Stammfunktion von f (da die Funktion durch Ableitung daraus abstammt, sich daraus ergibt), man schreibt häufig F.

Die Ableitung von x^2 ist $2x$.
Eine Stammfunktion von $2x$ ist x^2.

$$f(x) = 2x, F(x) = x^2$$
$$F'(x) = f(x)$$

Da die Ableitung einer Konstanten (reelle Funktion, die konstant ist) gleich null ist, kannst du zu einer Stammfunktion eine beliebige Konstante dazu addieren und erhältst wieder eine Stammfunktion.

Die Ableitung von $x^2 + 17$ ist $2x$.
Eine Stammfkt. von $2x$ ist $x^2 + 17$.

Eine Stammfunktion ist also nur bis auf eine additive Konstante festgelegt, man schreibt oft „+C".

$$f(x) = 2x \Rightarrow F(x) = x^2 + C$$

Dies ist kein Problem, da du bei konkreten Rechnungen die Differenz der Stammfunktion bei zwei x-Werten bildest und dabei die Konstante wegfällt.

$$F(x_1) - F(x_2) =$$
$$= (x_1^2 + C) - (x_2^2 + C) = x_1^2 - x_2^2$$

Die Stammfunktion schreibt man auch als Integral. Das Integralzeichen ist ein stilisiertes S für Summe, das x zeigt die Variable an.

$$\int 2x \, dx = x^2 + C$$

Die Integration ist also gewissermaßen die Umkehrung der Differenziation.

Was sagt der Hauptsatz der Differenzial- und Integralrechnung und warum ist er so nützlich?

Integrale lassen sich als Grenzwerte von Summen definieren, aber fast immer kommst du mit dem Hauptsatz der Differenzial- und Integralrechnung schneller und einfacher zum Ziel.

Dieser besagt, dass wenn du das unbestimmte Integral einer Funktion f nach der oberen Grenze ableitest, du wieder f erhältst.

$$F(x) = \int_a^x f(u)\,du \Rightarrow F'(x) = f(x)$$

Das bedeutet, dass das unbestimmte Integral einfach eine Stammfunktion ist.

$$\int_a^x f(u)\,du = F(x) + C$$

Das bestimmte Integral, das du zur Flächenberechnung benötigst, ergibt sich somit einfach als Differenz der Stammfunktion an der oberen und an der unteren Grenze.

$$\int_a^b f(x)\,dx = F(b) - F(a)$$

Da sich Stammfunktionen zu einer Funktion nur um eine Konstante unterscheiden, ist egal, welche der Stammfunktionen du nimmst.

$$\int_a^b f(x)\,dx =$$
$$= (F(b) + C) - (F(a) + C)$$
$$= F(b) + C - F(a) - C =$$
$$= F(b) - F(a)$$

Die Differenz schreibt man auch mit einem vertikalen Strich mit oberer und unterer Grenze (analog zum Integral).

$$\int_a^b f(x)\,dx = F(x)\Big|_a^b = F(b) - F(a)$$

So kannst du einfach Flächeninhalte berechnen, ganz ohne unendliche Summen bilden zu müssen.

$$\int_0^1 x^2\,dx = \frac{1}{3}x^3\Big|_0^1 = \frac{1}{3} - \frac{0}{3} = \frac{1}{3}$$

Warum gilt der Hauptsatz der Differenzial- und Integralrechnung?

Wir nennen F(x) die Fläche zwischen dem Graphen der Funktion f(x) und der x-Achse. Wir suchen eine Gleichung zwischen den Funktionen F(x) und f(x).

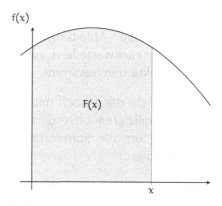

Wir überlegen dazu, wie sich die Fläche ändert, wenn sich x ein klein wenig ändert, von x hin zu $x + h$, wobei h klein sein soll. Die neu hinzukommende Fläche ist ein schmaler Streifen, der ungefähr ein Rechteck ist mit Seiten h und $f(x)$, oder h und $f(x + h)$, das ist aber ungefähr, d.h. in erster Ordnung von h, gleich groß.

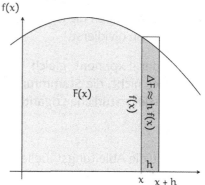

Die Änderung der Fläche ist also (in erster Ordnung in h) die Fläche des schmalen Rechtecks $h\,f(x)$.

$$F(x + h) = F(x) + h\,f(x) + o(h)$$

Die Änderung einer Funktion in erster Ordnung von h ist aber gerade die Ableitung der Funktion.

$$F(x + h) = F(x) + h\,F'(x) + o(h)$$

Aus den letzten beiden Gleichungen folgt, dass die Ableitung der Flächenfunktion die Funktion ist. Dies ist die Aussage des Hauptsatzes der Differenzial- und Integralrechnung.

$$F'(x) = f(x)$$

Wie berechnest du Stammfunktionen?

Integrieren heißt Stammfunktionen bestimmen.

Wenn du die Ableitungen von Funktionen rückwärts liest, hast du Stammfunktionen bestimmt.

$$x^2 \xrightarrow{\text{Ableit.}} 2x, \quad x^2 \xleftarrow{\text{Stammf.}} 2x$$

$$x^3 \xrightarrow{\text{Ableit.}} 3x^2, \quad x^3 \xleftarrow{\text{Stammf.}} 3x^2$$

Oft musst du dann noch mit einer Zahl multiplizieren oder durch sie dividieren, um die Stammfunktion zu bestimmen.

$$\tfrac{1}{2}x^2 \xrightarrow{\text{Ableit.}} x, \quad \tfrac{1}{2}x^2 \xleftarrow{\text{Stammf.}} x$$

$$\tfrac{1}{3}x^3 \xrightarrow{\text{Ableit.}} x^2, \quad \tfrac{1}{3}x^3 \xleftarrow{\text{Stammf.}} x^2$$

Eine Potenzfunktion integrierst du, indem du den Exponenten um 1 erhöhst und durch diesen erhöhten Exponenten dividierst.

$$\int x^n \, dx = \frac{1}{n+1} x^{n+1} + C$$

Wenn der Exponent gleich −1 ist, geht dies nicht, die Stammfunktion ist dann der natürliche Logarithmus.

$$\int \frac{1}{x} \, dx = \ln(x) + C$$

Man kann beides in Verbindung bringen, wenn man $x^\alpha = \exp(\alpha \ln(x)) \approx 1 + \alpha \ln(x)$ für kleine α und $x \neq 0$ beachtet.

Wenn du die Ableitungstabellen von Funktionen rückwärts liest, erhältst du Integrationstabellen.

$$\int \cos(x) \, dx = \sin(x) + C$$

Wenn du die Ableitungsregeln von Funktionen rückwärts liest, erhältst du Integrationsregeln.

Du kannst etwa Stammfunktionen summandenweise bilden und konstante Faktoren vorziehen.

$$\int (af(x) + bg(x)) \, dx =$$
$$= a \int f(x) \, dx + b \int g(x) \, dx$$

Wie kannst du Flächen mit Stammfunktionen berechnen?

F(x) bezeichne im Folgenden die Stammfunktion von f(x).

Wenn die Funktion im gesamten Intervall stets positiv ist, nimmst du einfach das Integral, das ist die Stammfunktion der oberen Grenze minus die Stammfunktion der unteren Grenze.

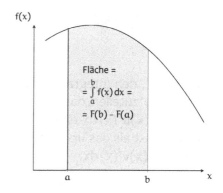

Wenn die Funktion im gesamten Intervall stets negativ ist, nimmst du das Negative des Integrals (oder den Betrag), um einen positiven Flächeninhalt zu erhalten.

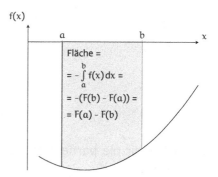

Wenn die Funktion das Vorzeichen wechselt, integrierst du von Nullstelle zu Nullstelle und nimmst am einfachsten jeweils den Betrag.

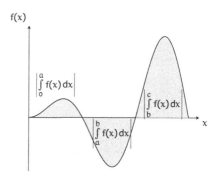

185

Wie bestimmst du Integrale mit partieller Integration? (I)

Aus der Produktregel erhältst du die partielle Integration. Wir lassen die Integrationskonstante im Folgenden jeweils weg.

$$(uv)' = u'v + uv'$$

$$uv = \int u'v\,dx + \int vu'\,dx$$

$$\int uv'\,dx = uv - \int vu'\,dx$$

Der Trick ist, den Integranden so in $u(x)v'(x)$ aufzuteilen, dass das neue Integral $\int v(x)u'(x)\,dx$ einfacher zu berechnen ist als das ursprüngliche Integral $\int u(x)v'(x)\,dx$.

Man wählt also den ersten Faktor $u(x)$ so, dass er bei der Ableitung einfacher wird.

Zerlege den Integranden so in zwei Faktoren, dass einer einfach zu integrieren und einer einfach zu differenzieren ist.

$$I = \int xe^x dx$$

$$u = x \Rightarrow u' = 1$$
$$v' = e^x \Rightarrow v = e^x$$

$$I = uv - \int vu'\,dx = xe^x - \int e^x dx$$

$$\int xe^x dx = xe^x - e^x$$

Du kannst dir die partielle Integration auch als $\int u\,dv = uv - \int v\,du$ merken.

$$\int u\,dv = uv - \int v\,du$$

$$I = \int xe^x dx$$

$$u = x \Rightarrow du = dx$$
$$dv = e^x dx \Rightarrow v = e^x$$

$$I = uv - \int vu'\,dx = xe^x - \int e^x dx$$

$$\int xe^x dx = xe^x - e^x$$

Wie bestimmst du Integrale mit partieller Integration? (II)

Es kann auch hilfreich sein, den zweiten Faktor als 1 zu wählen, wenn der erste Faktor durch Ableiten viel einfacher wird, was insbesondere beim Logarithmus der Fall ist.

$$I = \int \ln(x)\,dx$$
$$u = \ln(x) \Rightarrow u' = \frac{1}{x}$$
$$v' = 1 \Rightarrow v = x$$
$$I = uv - \int vu'\,dx = x\ln(x) - \int x\frac{1}{x}\,dx$$
$$= x\ln(x) - \int dx$$
$$= x\ln(x) - x$$

Es gibt auch die Möglichkeit, dass sich das ursprüngliche Integral nochmal ergibt, was aber auch hilft, wenn man danach auflösen kann.

$$I = \int \cos^2(x)\,dx = \int \cos(x)\cos(x)\,dx$$
$$u = \cos(x) \Rightarrow u' = -\sin(x)$$
$$v' = \cos(x) \Rightarrow v = \sin(x)$$
$$I = \cos(x)\sin(x) + \int \sin(x)\sin(x)\,dx$$
$$I = \sin(x)\cos(x) + \int (1 - \cos^2(x))\,dx$$
$$I = \sin(x)\cos(x) + \int dx - I$$
$$2I = \sin(x)\cos(x) + x$$
$$I = \frac{1}{2}\left(\sin(x)\cos(x) + x\right)$$

Wie bestimmst du Integrale mit Substitution? (I)

Aus der Kettenregel erhältst du durch Rückwärtslesen die Substitutionsregel.

$$(f(g(x))' = f'(g(x))g'(x)$$

$$\int f'(g(x))\, g'(x)\, dx \overset{g(x)=z}{=} \int f'(z)\, dz$$

$$= f(z)$$

Der einfachste Fall ist, wenn die innere Funktion eine lineare Funktion $g(x) = ax + b$ ist.

$$\int f'(ax+b)a\, dx = \int f'(z)\, dz = f(z)$$

$$\Rightarrow \int f'(ax+b)\, dx = \frac{1}{a}f(ax+b)$$

Auch wenn die innere Funktion komplizierter ist (z. B. x^2), muss ihre Ableitung als Faktor vor der äußeren Funktion stehen, ggfs. musst du dazu umformen.

$$\int x\cos(x^2)\, dx = \int \frac{1}{2}2x\cos(x^2)\, dx =$$

$$= \frac{1}{2}\int (\cos(x^2))'\, dx = \frac{1}{2}\cos(x^2)$$

Du kannst auch einfach den Term, der dich stört (z. B. ein komplizierter Term unter einer Wurzel), durch z ersetzen und alle anderen x in z umrechnen. Die Umrechnung zwischen dx und dz erhältst du aus $z' = \frac{dz}{dx} = g'(x)$. Am Schluss ersetzt du das z wieder durch den Ausdruck in x.

$$I = \int \frac{x}{\sqrt{1+x^2}}\, dx$$

$$1+x^2 = z \Rightarrow \frac{dz}{dx} = 2x \Rightarrow 2x\, dx = dz$$

$$I = \int \frac{x}{\sqrt{z}}\frac{dz}{2x} =$$

$$= \frac{1}{2}\int \frac{1}{\sqrt{z}}dz = \frac{1}{2}\int z^{-1/2}dz =$$

$$= \frac{1}{2}\frac{1}{1/2}z^{1/2} = z^{1/2} = \sqrt{z} = \sqrt{1+x^2}$$

Du kannst dir die Substitutionsregel einfach merken, wenn du bedenkst, dass sich aus $z = g(x)$ und $g'(x) = \frac{dg}{dx}$ die Umrechnung der Differenziale ergibt: $dz = dg = g'(x)dx$.

$$\int f(g(x))\, g'(x)\, dx = \int f(z)\, dz$$

Wie bestimmst du Integrale mit Substitution? (II)

Die Substitutionsregel (siehe vorne) kannst du auch von rechts lesen.

$$\int f(x)\,dx \overset{x=g(t)}{=} \int f'(g(t))\,g'(t)\,dt$$

Wähle die Substitution so, dass das, was dich am meisten stört, verschwindet. Auch trigonometrische Funktionen können dabei hilfreich sein.

$$I = \int \sqrt{1-x^2}\,dx$$

Mit $x = \sin(t)$, $dx = \cos(t)\,dt$ fällt wegen $\sqrt{1-\sin^2 t} = \cos t$ die Wurzel weg:

$$I = \int \cos^2(t)\,dt \overset{(*)}{=} \frac{1}{2}(t + \sin(t)\cos(t))$$

$(*)$ mit part. Integration, siehe vorne

$$I = \frac{1}{2}(\arcsin(x) + x\sqrt{1-x^2})$$

Wenn der Zähler die Ableitung des Nenners ist, ist das Integral einfach der Logarithmus des Nenners, das ist ein Spezialfall der Substitutionsregel.

$$\int \frac{f'(x)}{f(x)}\,dx = \int \frac{dz}{z} = \ln|z| = \ln|f(x)|$$

$$\int \frac{e^x}{e^x + 1}\,dx = \ln(e^x + 1)$$

$$\int \tan(x)\,dx = -\ln|\cos(x)|$$

Bei bestimmten Integralen ist wichtig, dass du rücksubstituierst, also die neue Variable wieder durch den Ausdruck in x ersetzt, bevor du die Grenzen einsetzt.

$$I = \int_0^1 \sqrt{1-x^2}\,dx \quad \text{mit } x = \sin(t)$$

$$I = \frac{1}{2}(t + \sin(t)\cos(t))$$

$$I = \frac{1}{2}\left(\arcsin(x) + x\sqrt{1-x^2}\right)\Big|_0^1 = \frac{\pi}{4}$$

Alternativ kannst du auch die Grenzen in die neue Variable umrechnen. Damit hast du die Fläche des Viertelkreis mit Radius 1 zu $\pi/4$ bestimmt, also die Fläche des Einheitskreises zu π.

$$I = \int_{x=0}^{x=1} \sqrt{1-x^2}\,dx \quad \text{mit } t = \arcsin(x)$$

$$I = \frac{1}{2}\left(t + \sin(t)\cos(t)\right)\Big|_{t=0}^{t=\pi/2} = \frac{\pi}{4}$$

Wie berechnest du die Fläche eines Kreises durch Integrieren über den Radius?

Wir bezeichnen die Kreisfläche in Abhängigkeit des Radius als $F(x)$.

Radius: x
Kreisfläche: $F(x)$

Wir suchen eine Gleichung für $F(x)$. Dazu betrachten wir, wie sich $F(x)$ ändert, wenn x sich ein wenig ändert, von x zu $x + h$, wobei h klein sein soll.

$F(x + h) = F(x) +$ Fläche Kreisring

Die Fläche ändert sich dann um die Fläche eines Kreisrings, dessen Umfang innen $2\pi x$ ist und der die Dicke h hat.

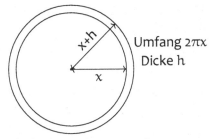

Umfang $2\pi x$
Dicke h

Fläche Kreisring $\approx 2\pi x\, h$

Damit ändert sich die Fläche in erster Näherung um $2\pi x h$.

$$F(x + h) = F(x) + \underbrace{2\pi x}_{F'(x)}\, h + o(h^2)$$

Daher ist die Ableitung von $F(x)$ gleich $2\pi x$.

$$F'(x) = 2\pi x$$

Somit erhältst du die Fläche aus dem Umfang durch Integrieren.

$$F(r) = \int_{x=0}^{r} 2\pi x\, dx = \pi r^2$$

Analog kannst du auch das Volumen einer Kugel durch Integrieren der Oberfläche über den Radius bestimmen.

$$V(r) = \int_{x=0}^{r} O(x)\, dx =$$

$$= \int_{x=0}^{r} 4\pi x^2\, dx = \frac{4}{3}\pi r^3$$

Wann ist eine Funktion integrierbar?

Eine Funktion heißt integrierbar, wenn man der Fläche unter ihrem Graphen einen Flächeninhalt zuordnen kann.

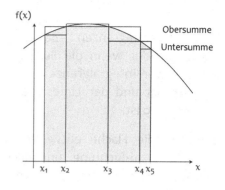

Dazu kann man auf der x-Achse den entsprechenden Bereich in Intervalle unterteilen und in jedem Intervall eine kleinste obere Grenze und eine größte untere Grenze wählen und die Fläche so durch eine Obersumme und eine Untersumme annähern.

Ein Flächeninhalt existiert, wenn bei jeder Folge von beliebig fein werdenden Unterteilungen (gemessen an der maximalen Intervallbreite Δ) die Untersumme konvergiert und die Obersumme konvergiert und die beiden Grenzwerte gleich sind.

Beachte, dass eine Funktion nicht differenzierbar sein muss, um integrierbar zu sein.

Man kann zeigen, dass alle stückweise stetigen Funktionen integrierbar sind. Rechts eine Funktion, die nicht Riemann-integrierbar ist.

Es ist sehr viel schwieriger, eine Funktion zu integrieren, also eine Stammfunktion explizit anzugeben, als eine Funktion zu differenzieren. Es gibt einfache Funktionen ohne elementare Stammfunktionen.

Flächeninhalt („Riemann-Integral") existiert, wenn

$$\lim_{\Delta \to 0} \text{Obersumme} = O \quad \text{existiert,}$$

$$\lim_{\Delta \to 0} \text{Untersumme} = U \quad \text{existiert}$$

und $O = U$ gilt.

$f(x) = |x|$ ist auf $[-1, 1]$ integrierbar, aber nicht differenzierbar. Integrierbarkeit ist eine schwächere Forderung.

Gegenbeispiel: $f : [0, 1] \to \mathbb{R}$ mit
$$f(x)= \begin{cases} 0 & \text{für} \quad x \in \mathbb{Q} \\ 1 & \text{für} \quad x \in \mathbb{R} \setminus \mathbb{Q} \end{cases}$$
ist nicht Riemann-integrierbar.

Z. B. kann man für die Funktionen $\frac{e^x}{x}$ und e^{-x^2} beweisen, dass sie keine mit elementaren Funktionen angebbare Stammfunktion haben. Man sagt, sie sind nicht geschlossen integrierbar.

Wann ist eine Funktion uneigentlich integrierbar?

Man nennt ein Integral uneigentlich, wenn entweder eine oder auch beide Integralgrenzen $+\infty$ oder $-\infty$ sind oder wenn die Funktion für eine der Integralgrenzen nicht definiert ist und der Limes gleich $+\infty$ oder $-\infty$ ist.

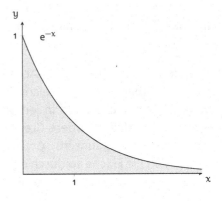

Dann ist die Fläche entweder in x- oder in y-Richtung unendlich ausgedehnt. Dennoch kann der Flächeninhalt endlich sein. In diesem Fall nennt man die Funktion uneigentlich integrierbar.

Man berechnet den Grenzwert, indem man die eine Intervallgrenze gegen unendlich gehen lässt oder gegen den Wert, bei dem die Funktion gegen unendlich geht.

$$\int_0^\infty e^{-x}\,dx = \lim_{a\to\infty} \int_0^a e^{-x}\,dx =$$
$$= \lim_{a\to\infty} -e^{-x}\Big|_0^a = \lim_{a\to\infty} (1 - e^{-a}) = 1$$

Ein wichtiger Fall sind abfallende Potenzfunktionen $x^\alpha, \alpha < 0$. Für $\alpha > -1$ ist der Inhalt der Fläche hin zur x-Achse endlich und der Inhalt der Fläche zur y-Achse unendlich.

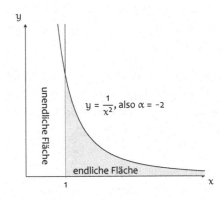

Für $\alpha < -1$ ist es umgekehrt.

Für $\alpha = 1$, also $f(x) = 1/x$, sind beide Flächen unendlich groß.

Übersicht: Funktionen und ihre Stammfunktionen

Wenn du die Tabelle mit den Ableitungen von einfachen Funktionen und Differenziationsregeln rückwärts liest, bekommst du die folgende Tabelle von Stammfunktionen und Integrationsregeln.

$f(x)$	$\int f(x)\,dx$
x^n	$\dfrac{1}{n+1}x^{n+1}, n \neq -1$
$\dfrac{1}{x}$	$\ln|x|$
e^x	e^x
$a^x = e^{x\ln(a)}$	$\dfrac{1}{\ln(a)}a^x$
$\sin(x)$	$-\cos(x)$
$\cos(x)$	$\sin(x)$
$\tan(x)$	$\ln|\cos(x)|$
$af(x) + bg(x)$	$a\int f(x)\,dx + b\int g(x)\,dx$
$f(x)g'(x)$	$f(x)g(x) - \int g(x)f'(x)\,dx$
$f(g(x))g'(x)$	$f(g(x))$

Wie geht's weiter? – Ausblick

Wenn dir das Buch bis hierher gefallen hat und du wissen willst, wie es weitergeht, gebe ich dir im Folgenden einen kleinen Ausblick, beginnend mit der Frage, ob es verschieden große Unendlichkeiten gibt.

Lineare Algebra mit analytischer Geometrie sowie Wahrscheinlichkeitsrechnung (und Statistik, beides zusammen bezeichnet man oft als Stochastik) sind bedeutende Gebiete der Mathematik. Ich kann dir auch hier nur grob andeuten, worum es geht.

Anschließend zeige ich dir zum einen, wie man die reellen Zahlen so erweitert, dass man auch aus negativen Zahlen Quadratwurzeln ziehen kann. Man erhält so die komplexen Zahlen, mit denen man ganz ähnlich wie mit den reellen Zahlen rechnen kann.

Zum anderen zeige ich dir, wie man durch höhere Potenzen und mithilfe der höheren Ableitungen eine Funktion noch besser approximieren kann als durch die Tangente. Man erhält so die Taylorreihe, die viele Funktionen beliebig genau annähern kann.

Danach verbinde ich beides und erkläre dir einen oft als schönste Formel der Welt bezeichneten Zusammenhang zwischen π und e.

© Der/die Autor(en), exklusiv lizenziert an Springer-Verlag GmbH, DE, ein Teil von Springer Nature 2023
A. Gründers, *Mathe übersichtlich: Von den Basics bis zur Analysis*,
https://doi.org/10.1007/978-3-662-67184-9_11

Sind alle unendlichen Mengen gleich groß?

Eine Menge hat endlich viele Elemente oder unendlich viele.

Man bezeichnet zwei Mengen als gleichmächtig („gleich groß"), wenn es eine Bijektion zwischen ihnen gibt.

Man kann zeigen, dass es eine Bijektion zwischen der Menge der rationalen Zahlen und der Menge der natürlichen Zahlen gibt.

Somit hat die Menge $\mathbb{Q}$ die gleiche Mächtigkeit wie die Menge $\mathbb{N}$, die beiden Mengen sind gleich groß.

Eine Menge, die die gleiche Mächtigkeit hat wie die natürlichen Zahlen, nennt man abzählbar unendlich.

Eine unendliche Menge, die nicht abzählbar ist, hat eine größere Mächtigkeit als $\mathbb{N}$, man nennt sie überabzählbar unendlich, kurz überabzählbar.

Man kann zeigen, dass die reellen Zahlen überabzählbar unendlich sind.

Mit den Axiomen der üblichen Mengentheorie (ZFC-Axiome) ist nicht entscheidbar, ob es eine Mächtigkeit zwischen den natürlichen und den reellen Zahlen gibt.

$|\{-1, 0, 1\}| = 3$

$|\mathbb{N}| = |\{1, 2, 3, \ldots\}| > n$ für alle $n \in \mathbb{N}$

$$\{1, 2, \quad 3, \quad 4, \ldots\}$$
$$\updownarrow \;\; \updownarrow \;\; \updownarrow \;\; \updownarrow$$
$$\{1, 8, 27, 64, \ldots\}$$

Die Menge der Kubikzahlen ist gleich groß wie die Menge der natürlichen Zahlen.

Die rationalen Zahlen (Bruchzahlen) lassen sich durchnummerieren.

Warum das so ist, findest du bei einer Suche nach dem sogenannten 1. Cantor'schen Diagonalargument

$|\mathbb{N}| = |\mathbb{Q}|$

$\mathbb{N}$ ist abzählbar
$\mathbb{Q}$ ist abzählbar

Man kann die Elemente durchnummerieren.

Die Elemente einer überabzählbaren Menge kann man nicht durchnummerieren, man kann keine fortlaufende Liste erstellen, die alle Elemente enthält.

$|\mathbb{R}| > |\mathbb{N}|$

Warum das so ist, findest du bei einer Suche nach dem sogenannten 2. Cantor'schen Diagonalargument

$|\mathbb{N}| < ? < |\mathbb{R}|$ („Kontinuumsproblem")

Man kann beweisen, dass weder die Annahme der Existenz einer dazwischen liegenden Mächtigkeit zu einem Widerspruch führt, noch die Annahme der Nicht-Existenz.

Was ist Lineare Algebra und was ist Algebra?

Ein zentraler Gegenstand der Linearen Algebra sind Vektorräume und ihre Struktur sowie lineare Abbildungen.

$$\vec{v} \in \mathbb{R}^2$$
$$\uparrow \qquad \uparrow$$
Vektor Vektorraum

Man kann Vektoren addieren und mit Zahlen (als Skalare bezeichnet) multiplizieren (S-Multiplikation).

$$\begin{pmatrix} u_1 \\ u_2 \end{pmatrix} + \begin{pmatrix} v_1 \\ v_2 \end{pmatrix} = \begin{pmatrix} u_1 + v_1 \\ u_2 + v_2 \end{pmatrix}$$

$$s \begin{pmatrix} v_1 \\ v_2 \end{pmatrix} = \begin{pmatrix} sv_1 \\ sv_2 \end{pmatrix}$$

Strukturerhaltende Abbildungen zwischen Vektorräumen, sogenannte lineare Abbildungen, und ihre Darstellungen spielen in der Linearen Algebra eine wichtige Rolle.

$$f : \mathbb{R}^2 \to \mathbb{R}^2$$
$$\begin{pmatrix} v_1 \\ v_2 \end{pmatrix} \mapsto \begin{pmatrix} a_{11}v_1 + a_{12}v_2 \\ a_{21}v_1 + a_{22}v_2 \end{pmatrix}, a_{ij} \in \mathbb{R}$$

Man kann auch zwei Vektoren miteinander multiplizieren.

Die Skalarmultiplikation ergibt eine Zahl; die Vektormultiplikation, auch Kreuzprodukt genannt, liefert einen Vektor.

Die analytische Geometrie stellt geometrische Objekte wie Geraden, Ebenen, Kreise, Kugeln, Kegelschnitte mit Vektoren dar.

Gerade g durch A mit Richtung $\vec{u}$:
$$g : \vec{x} = \vec{x}_A + r\vec{u}, \, r \in \mathbb{R}$$

Unter Algebra versteht man das Studium von sogenannten algebraischen Strukturen wie Gruppen, Ringe, Körper, die seit gut einem Jahrhundert eigenständige Untersuchungsgegenstände sind.

$(\mathbb{Z}, +)$ ist eine Gruppe
$(\mathbb{Z}, +, \cdot)$ ist ein Ring
$(\mathbb{R}, +, \cdot)$ ist ein Körper

$\mathbb{Z}[\sqrt{13}] = \{n + m\sqrt{13} \,|\, n, m \in \mathbb{Z}\}$
ist mit „+" und „ $\cdot$ " ein Ring

Speziell befasst sich die Algebra auch mit dem Lösen von polynomialen (= algebraischen) Gleichungen und Gleichungssystemen und hat enge Bezüge zur Zahlentheorie.

$x^2 - 13y^2 = 1$
hat als kleinste ganzzahlige Lösung
$x = 649, y = 180$.

Was sind Ereignisse eines Zufallsexperiments und wie kannst du mit ihnen rechnen?

Bei einem Zufallsexperiment gibt es eine Menge von möglichen Ergebnissen, die man oft mit einem großen Omega Ω bezeichnet.

Bei einem Würfelwurf:
$\Omega = \{1, 2, 3, 4, 5, 6\}$

Jede Teilmenge dieser Ergebnismenge bezeichnet man als Ereignis. Die (Einzel-)Ergebnisse nennt man auch Elementarereignisse.

Ereignis A: gerade Zahl
$A = \{2, 4, 6\}$
Ereignis B: 5 oder 6
$B = \{5, 6\}$

Da Ereignisse Mengen sind, kann man mit ihnen wie mit Mengen rechnen.

Die Vereinigung zweier Ereignisse tritt genau dann ein, wenn das eine Ereignis oder das andere oder auch beide eintreten, man sagt auch A oder B und schreibt $A \cup B$.

$A \cup B = \{2, 4, 5, 6\}$

Der Schnitt zweier Ereignisse tritt genau dann ein, wenn das eine Ereignis und das andere eintreten, man sagt auch A und B und schreibt $A \cap B$.

$A \cap B = \{6\}$

Das Komplementärereignis tritt genau dann ein, wenn das ursprüngliche Ereignis nicht eintritt. Man sagt A komplementär und schreibt $\overline{A}$.

$\overline{A} = \{1, 3, 5\}$

Die Menge $\overline{A}$ ist die Komplementärmenge, d.h. die Menge aller Elemente aus der Grundmenge Ω, die nicht in A sind: $\overline{A} = \Omega \setminus A$

Was ist Wahrscheinlichkeit und wie berechnest du unbekannte Wahrscheinlichkeiten aus bekannten?

Eine Wahrscheinlichkeit ist zunächst nichts anderes als eine Abbildung, die jedem Ereignis eine Zahl zwischen null und eins zuordnet.

$$P : \text{Menge aller Ereignisse} \to [0, 1]$$
$$A \mapsto P(A)$$

Dem leeren Ereignis wird null zugeordnet, dem sicheren Ereignis eins.

$$P(\{\}) = 0$$
$$P(\Omega) = 1$$

Der disjunkten Vereinigung zweier Ereignisse wird die Summe der Wahrscheinlichkeiten zugeordnet.

$$P(A \cup B) = P(A) + P(B)$$
$$\text{für } A \cap B = \{\}$$

Wenn alle Elementarereignisse gleich wahrscheinlich sind, ist die Wahrscheinlichkeit eines Elementarereignisses gleich 1/Anzahl.

Bei einem fairen Würfel:
$$P(\{1\}) = P(\{2\}) = P(\{3\}) = \ldots = \tfrac{1}{6}$$

$$P(\{2, 4, 6\}) = \tfrac{1}{6} + \tfrac{1}{6} + \tfrac{1}{6} = \tfrac{3}{6} = \tfrac{1}{2}$$

Dem Komplementärereignis $\overline{A}$ wird die Wahrscheinlichkeit eins minus der Wahrscheinlichkeit von A zugeordnet.

$$P(\overline{A}) = 1 - P(A)$$
$$P(\overline{\{1\}}) = P(\{2, 3, 4, 5, 6\}) = \tfrac{5}{6}$$

Damit berechnest du aus bekannten Wahrscheinlichkeiten neue.

Die Wahrscheinlichkeit der Vereinigung zweier beliebiger Ereignisse erhältst du, indem du die Einzelwahrscheinlichkeiten addierst und die Wahrscheinlichkeit, dass beide Ereignisse eintreten, abziehst.

$$P(A \cup B) = P(A) + \underbrace{P(B) - P(A \cap B)}_{P(B \backslash A)}$$

$A \cup B$ ist die disjunkte Vereinigung von A und $B \setminus A$.

Wenn zwei Ereignisse voneinander unabhängig sind, ergibt sich die Wahrscheinlichkeit für das Auftreten beider Ereignisse als Produkt der beiden Wahrscheinlichkeiten.

$$P(A \cap B) = P(A)\,P(B)$$
für unabhängige Ereignisse

Dies kann man als die Definition von unabhängigen Ereignissen ansehen.

Wie kannst du die Wahrscheinlichkeit aus der Anzahl der Möglichkeiten berechnen?

Wenn die Ergebnismenge Ω endlich ist und alle Elementarereignisse gleich wahrscheinlich sind, nennt man das Zufallsexperiment ein Laplace-Experiment.

$$|\Omega| = n < \infty$$
$$\Rightarrow P(\text{Elementarereignis}) = \frac{1}{|\Omega|} = \frac{1}{n}$$
Fairer Würfel, $|\Omega| = 6$:
$$\Rightarrow P(\{1\}) = P(\{2\}) = P(\{3\}) = \ldots = \frac{1}{6}$$

Bei einem Laplace-Experiment ist die Wahrscheinlichkeit eines Ereignisses das Verhältnis der Anzahl der für das Ereignis positiven Elementarereignisse zu der Gesamtanzahl aller möglichen Elementarereignisse.

$$P(A) = \frac{\text{Anzahl der günstigen Fälle}}{\text{Anzahl aller Fälle}}$$
$$P(A) = \frac{|A|}{|\Omega|}$$

Die Anzahlen kann man in einfachen Fällen durch Multiplikation bzw. mit den Binomialkoeffizienten berechnen, z.B. für 2 Sechsen bei 5 Würfen.

Anzahl aller Fälle bei 5 Würfen:
$$|\Omega| = 6 \cdot 6 \cdot 6 \cdot 6 \cdot 6 = 6^5$$

Anzahl der Fälle mit 2 Sechsen:
Bei 5 Würfen gibt es $\binom{5}{2} = 10$ Möglichkeiten für die Anordnung der 2 Sechsen (xxx66, xx6x6, xx66x, x6xx6, x6x6x, ..., 66xxx).
Für die 4 Nicht-Sechsen gibt es jeweils 5 Möglichkeiten (1,2,3,4,5), also $5 \cdot 5 \cdot 5 \cdot 5 = 5^4$ Möglichkeiten.

Somit gibt es insgesamt $|A| = 10 \cdot 5^4$ günstige Fälle.

Die Wahrscheinlichkeit ergibt sich dann als Verhältnis der Anzahlen.

$$P = \frac{|A|}{|\Omega|} = \frac{10 \cdot 5^4}{6^6} \approx 13{,}3\%$$

Wozu braucht man komplexe Zahlen?

Um die Operation der Addition für alle natürlichen Zahlen umkehren zu können, haben wir die ganzen Zahlen konstruiert.

$$a + x = b \quad \Rightarrow \quad x = b - a$$

natürliche $\rightarrow$ ganze
Zahlen Zahlen

Für die Umkehrung der Multiplikation haben wir die rationalen Zahlen eingeführt.

$$ax = b \quad \Rightarrow \quad x = \frac{b}{a}$$

ganze $\rightarrow$ rationale
Zahlen Zahlen

Als wir dann noch die reellen Zahlen als Folgen von rationalen Zahlen eingeführt haben, konnten wir aus jeder positiven Zahl eine Wurzel ziehen.

1,4   1,4142135 ...
1,41
1,414
1,4142
$\vdots$

rationale $\rightarrow$ reelle
Zahlen Zahlen
$x = \sqrt{2} = 1{,}4142135 \ldots$

Allerdings können wir aus negativen Zahlen noch immer keine Quadratwurzel ziehen, da jede reelle Zahl quadriert eine Zahl größer oder gleich null ergibt.

$$x \in \mathbb{R} \Rightarrow x^2 \geq 0$$
$\Rightarrow$ Es gibt kein x mit $x^2 < 0$.
$\Rightarrow \sqrt{-1} \notin \mathbb{R}$

Um dem abzuhelfen, definieren wir i als eine Zahl, die quadriert -1 ergibt. Man nennt i die imaginäre Einheit.

$$i^2 = -1$$

Zahlen, die sich als Summe aus einer reellen Zahl und einem reellen Vielfachen von i schreiben lassen, nennen wir komplexe Zahlen.

$$2 + 3i \in \mathbb{C}$$
$$\sqrt{2} - 4{,}567i \in \mathbb{C}$$

Die Menge aller komplexen Zahlen bezeichnen wir mit $\mathbb{C}$.

$$\mathbb{C} = \{a + bi \mid a, b \in \mathbb{R}\}$$

Wie rechnest du mit komplexen Zahlen?

Du addierst bzw. subtrahierst zwei komplexe Zahlen, indem du ihre Realteile addierst bzw. subtrahierst und ihre Imaginärteile addierst bzw. subtrahierst.

$$(a + bi) + (c + di) = (a + c) + (b + d)i$$
$$(a + bi) - (c + di) = (a - c) + (b - d)i$$
$$(3 + i) + (4 + 5i) = 7 + 6i$$

Du multiplizierst zwei komplexe Zahlen, indem du die Klammern ausmultiplizierst und dann beachtest, dass $i^2 = -1$.

$$(a+bi)(c+di) = ac+adi+bci+bdi^2 =$$
$$= (ac - bd) + (ad + bc)i$$
$$(1 + i)(1 + 2i) = 1 + i + 2i + 2i^2 = -1 + 3i$$

Wenn du durch eine komplexe Zahl $c + di$ dividierst, wendest du einen Trick an: Du erweiterst den Bruch mit $c - di$, damit du im Nenner eine reelle Zahl erhältst.

$$\frac{a + bi}{c + di} = \frac{(a + bi)(c - di)}{(c + di)(c - di)}$$
$$= \frac{(ac - bd) + (bc - ad)i}{c^2 + d^2}$$
$$= \frac{ac - bd}{c^2 + d^2} + \frac{bc - ad}{c^2 + d^2}i$$

Hier ein konkretes Beispiel.

$$\frac{1 + i}{1 - i} = \frac{(1 + i)(1 + i)}{(1 - i)(1 + i)} = \frac{1 + 2i - 1}{1 + 1} = i$$

Die Potenzen einer komplexen Zahl kannst du mit den binomischen Formeln bilden. Dazu benötigst du die Potenzen von i, die eine Periode 4 haben.

$$i^0 = 1, i^1 = i, i^2 = -1, i^3 = -i,$$
$$i^4 = 1, i^5 = i, \ldots$$

Wenn man die Euler'sche Formel zur Verfügung hat, geht die Multiplikation noch viel einfacher.

$$z_1 = r_1 e^{i\varphi_1}, z_2 = r_2 e^{i\varphi_2}$$
$$z_1 z_2 = r_1 r_2 e^{i(\varphi_1 + \varphi_2)}$$

Wie kannst du komplexe Zahlen in der Ebene darstellen und addieren?

Wenn du senkrecht zum Zahlenstrahl der reellen Zahlen einen zweiten Zahlenstrahl mit der imaginären Einheit i und ihren reellen Vielfachen einzeichnest, erhältst du die sogenannte Gauß'sche Zahlenebene. Jeder Punkt entspricht einer komplexen Zahl $a + bi$.

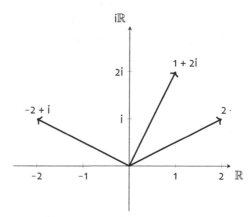

Du kannst dir die komplexe Zahl $a + bi$ auch als Pfeil vom Ursprung zu dem Punkt vorstellen.

Gehe dabei den Realteil a in Richtung der reellen Achse $\mathbb{R}$ und den Imaginärteil b in Richtung der imaginären Achse $i\mathbb{R}$.

Du addierst zwei komplexe Zahlen, indem du beide Koordinaten addierst, das kannst du durch Aneinanderhängen der Pfeile veranschaulichen.

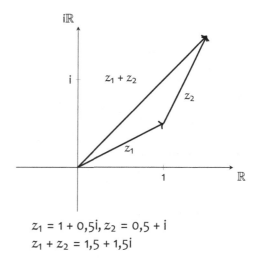

$z_1 = 1 + 0{,}5i, z_2 = 0{,}5 + i$
$z_1 + z_2 = 1{,}5 + 1{,}5i$

Wie kannst du komplexe Zahlen in der Ebene multiplizieren?

Den Abstand einer komplexen Zahl $z = a + bi$ vom Ursprung bezeichnet man als Betrag der komplexen Zahl $|z| = |a + bi| = \sqrt{a^2 + b^2}$. Er gibt gewissermaßen die Größe einer komplexen Zahl an.

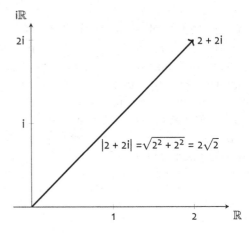

$|2 + 2i| = \sqrt{2^2 + 2^2} = 2\sqrt{2}$

Wenn du zwei komplexe Zahlen multiplizierst, multiplizieren sich ihre Beträge, oder, äquivalent dazu, die Quadrate der Beträge.

$$|(a + bi)(c + di)|^2$$
$$= |(ac - bd) + (ad + bc)i|^2$$
$$= (ac - bd)^2 + (ad + bc)^2$$
$$= a^2c^2 - 2abcd + bd^2 +$$
$$\quad + a^2d^2 + 2abcd + b^2c^2$$
$$= a^2c^2 + bd^2 + a^2d^2 + b^2c^2$$
$$= (a^2 + b^2)(c^2 + d^2)$$
$$= |a + bi|^2 \, |c + di|^2$$

Wenn du zwei komplexe Zahlen multiplizierst, multiplizieren sich die Längen und die Winkel addieren sich (das beweisen wir hier nicht).

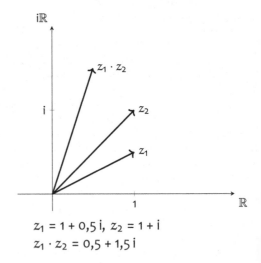

$z_1 = 1 + 0{,}5\,i$, $z_2 = 1 + i$
$z_1 \cdot z_2 = 0{,}5 + 1{,}5\,i$

Warum sind die komplexen Zahlen so wichtig?

Das Beachtliche ist, dass durch das Hinzufügen einer neuen Einheit i und der Erweiterung von $\mathbb{R}$ zu $\mathbb{C} = \{a + bi \mid a, b \in \mathbb{R}\} = \mathbb{R} + \mathbb{R}i$ alle polynomialen Gleichungen mit reellen (und komplexen) Koeffizienten nun eine Lösung haben.

Man kann zeigen, dass jede Gleichung n-ten Grades sogar genau n komplexe Lösungen hat, wenn man Mehrfachlösungen entsprechend mehrfach zählt.

Fundamentalsatz der Algebra:

Jede Gleichung
$$a_n x^n + a_{n-1} x^{n-1} + \ldots + a_0 = 0$$
hat eine Lösung $x \in \mathbb{C}$.

Gleichung 2. Grades:
$$x^2 + px + q = 0$$
$$x_{1,2} = -\frac{p}{2} \pm \sqrt{D}; \quad D = \left(\frac{p}{2}\right)^2 - q$$

$$D \begin{cases} > 0 : & \text{2 reelle Lösungen} \\ = 0 : & \text{1 doppelte reelle Lösung} \\ < 0 : & \text{2 komplexe Lösungen} \end{cases}$$

Die Lösungen der Gleichung $z^n = 1$ bilden die Ecken eines regelmäßigen n-Ecks, wobei eine Ecke $z = 1$ ist, also auf der positiven reellen Achse liegt. Man nennt sie die n-ten Einheitswurzeln.

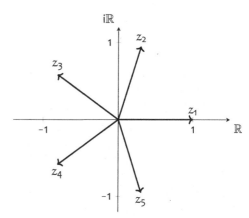

Die 5 fünften Einheitswurzeln $z^5 = 1$:
$$z_1 = 1$$
$$z_2 = \cos\left(\tfrac{2\pi}{5}\right) + i\sin\left(\tfrac{2\pi}{5}\right)$$
$$z_3 = \cos\left(\tfrac{4\pi}{5}\right) + i\sin\left(\tfrac{4\pi}{5}\right)$$
$$z_4 = \cos\left(\tfrac{6\pi}{5}\right) + i\sin\left(\tfrac{6\pi}{5}\right)$$
$$z_5 = \cos\left(\tfrac{8\pi}{5}\right) + i\sin\left(\tfrac{8\pi}{5}\right)$$

205

Wie kannst du Funktionen durch eine Reihe darstellen?

Die lineare Näherung einer differenzierbaren Funktion kann man mithilfe der Ableitung der Funktion schreiben, da die Ableitung gerade die Linearisierung an einer Stelle angibt. Wir nehmen die Stelle 0.

$$f(x) = f(0) + f'(0)x + \text{Restterm}$$

Man kann dies verfeinern, indem man quadratische, kubische etc. Terme hinzunimmt.

$$f(x) = f(0) + f'(0)x + \frac{f''(0)}{2}x^2 +$$
$$+ \frac{f'''(0)}{6}x^3 + \dots$$

Die Koeffizienten sind so gewählt, dass alle Ableitungen an der Stelle 0 in dem Ausdruck rechts und links gleich sind.

$$f'(x) = f'(0) + f''(0)x + \frac{f'''(0)}{2}x^2 + \dots$$
ist exakt für $x = 0$.

$$f''(x) = f''(0) + f'''(0)x + \dots$$
ist exakt für $x = 0$.

Die entsprechende Reihe nennt man Taylorreihe. Für viele relevante Funktionen entspricht diese Reihe der Funktion. Wenn dies gilt, gilt es natürlich nur für die Werte für x, für die die Reihe konvergiert.

$$f(x) = f(0) + f'(0)x + \frac{f''(0)}{2!}x^2 +$$
$$+ \frac{f'''(0)}{3!}x^3 + \dots + \frac{f^{(n)}(0)}{n!}x^n + \dots$$

Du kannst eine Funktion auch an einer anderen Stelle als bei 0 in eine Taylorreihe entwickeln. Du nimmst den Wert der Funktion und der Ableitungen dann an dieser Stelle a, das bisherige x nennen wir jetzt h.

$$f(a + h) = f(a) + f'(a)h + \frac{f''(a)}{2!}h^2 +$$
$$+ \dots + \frac{f^{(n)}(a)}{n!}h^n + \dots$$

Wenn du nun $a + h = x$ setzt, erhältst du die Taylorreihe für $f(x)$ an der Stelle a (oben war $a = 0$).

$$f(x) = f(a) + f'(a)(x - a) +$$
$$+ \frac{f''(a)}{2!}(x-a)^2 + \frac{f'''(a)}{3!}(x-a)^3 +$$
$$+ \dots + \frac{f^{(n)}(a)}{n!}(x - a)^n + \dots$$

Wie berechnest du Taylorreihen konkret?

Die Taylorreihe der Exponential-funktion um den Punkt 0 erhältst du durch Berechnung der Ableitungen an der Stelle 0. Diese Reihe haben wir vorne mit der Definition von e und e^x plausibel gemacht.

$f(x) = e^x, f'(x) = e^x, f''(x) = e^x, \ldots$
$f(0) = f'(0) = f''(0) = \ldots = 1$

$$e^x = 1 + x + \frac{x^2}{2!} + \frac{x^3}{3!} + \frac{x^4}{4!} + \ldots$$

Analog erhältst du die Taylorreihe der Sinusfunktion.

$f(x) = \sin(x), f'(x) = \cos(x),$
$f''(x) = -\sin(x), f'''(x) = -\cos(x), \ldots$

$f(0) = 0, f'(0) = 1,$
$f''(0) = 0, f'''(0) = -1, \ldots$

$$\sin(x) = 1 + x - \frac{x^3}{3!} + \frac{x^5}{5!} \pm \ldots$$

Auf gleiche Weise erhältst du auch die Taylorreihe der Kosinusfunktion.

$f(x) = \cos(x), f'(x) = -\sin(x),$
$f''(x) = -\cos(x), f'''(x) = \sin(x), \ldots$

$f(0) = 1, f'(0) = 0,$
$f''(0) = -1, f'''(0) = 0, \ldots$

$$\cos(x) = 1 - x^2 + \frac{x^4}{4!} - \frac{x^6}{6!} \pm \ldots$$

Der Logarithmus ist für 0 nicht definiert. Daher entwickelst du ihn um die Stelle $x_0 = 1$ in eine Taylorreihe. Du kannst es wie oben machen.

$f(x) = \ln(x), f'(x) = x^{-1},$
$f''(x) = -x^{-2}, f'''(x) = 2x^{-3}, \ldots$

$f(1) = 0, f'(1) = 1, f''(1) = -1!,$
$f'''(1) = 2!, f''''(1) = -3!, \ldots$

$$\ln(x) = x - \frac{x^2}{2} + \frac{x^3}{3} - \frac{x^4}{4} \pm \ldots$$

Einfacher geht es durch Integration der geometrischen Reihe. Die Integrationskonstante ist hier 0, wie du für $x = 0$ überprüfst.

$$\frac{1}{1+x} = 1 - x + x^2 - x^3 \pm \ldots$$

$$\ln(1+x) = \int \frac{1}{1+x} \, dx$$

$$\ln(1+x) = x - \frac{x^2}{2} + \frac{x^3}{3} - \frac{x^4}{4} \pm \ldots$$

Damit kannst du z. B. $\ln(2)$ berechnen. Es gibt aber schnellere Verfahren.

$$\ln(2) = 1 - \frac{1}{2} + \frac{1}{3} - \frac{1}{4} \pm \ldots$$

Wie hängt die Taylorreihe mit der Exponential-funktion des Differenzialoperators zusammen?

Wenn du die allgemeine Formel für die Taylorreihe genau anschaust, fällt dir auf, dass sie ganz ähnlich aussieht wie die Taylorreihe der Funktion e^x.

$$f(a) = f(0) + f'(0)a + \frac{f''(0)}{2!}a^2 + \dots$$

$$\exp(x) = 1 + x + \frac{x^2}{2!} + \dots$$

Das liegt zum einen natürlich daran, dass alle Ableitungen der Funktion e^x an der Stelle $x = 0$ gleich 1 sind.

$$f(x) = \exp(x):$$
$$f(0) = f'(0) = f''(0) = \dots = 1$$

Es hat aber auch eine tiefere Bedeutung: Du kannst die allgemeine Taylorreihe als Exponentialfunktion des Differenzialoperators $\frac{d}{dx}$ schreiben.

$$f(x + a) = \exp\left(a\frac{d}{dx}\right) f(x) =$$

$$= \left(1 + a\frac{d}{dx} + \left(a\frac{d}{dx}\right)^2 + \dots\right) f(x)$$

$$= f(x) + a\frac{d}{dx}f(x) + a^2\frac{d^2}{dx^2}f(x) + \dots$$

Für $x = 0$ ergibt dies genau die Taylorreihe von oben.

Die Änderung der Funktion bei einer ganz kleinen Verschiebung h ist dann $h\frac{d}{dx}f(x)$.

$$\exp\left(h\frac{d}{dx}\right) f(x) - f(x) =$$
$$\left(1 + h\frac{d}{dx}\right) f(x) - f(x) = h\frac{d}{dx}f$$

Der Operator (also ohne die Funktion) ist $h\frac{d}{dx}$. Man sagt, dass $\frac{d}{dx}$ Verschiebungen generiert.

Den Operator für eine endliche Verschiebung ($a = nh = n\frac{a}{n}$) erhält man durch Potenzieren, was im Grenzfall ($n \to \infty$) die e-Funktion ergibt.

$$\lim_{n \to \infty} \left(1 + \frac{a}{n}\frac{d}{dx}\right)^n = \exp\left(a\frac{d}{dx}\right)$$

Dies lässt sich verallgemeinern und spielt in vielen Bereichen der Physik unter dem Stichwort Liegruppe eine große Rolle.

Wie hängt e^{ix} mit $\sin(x)$ und $\cos(x)$ zusammen?

Wenn du e^{ix} durch Einsetzen von ix in die Taylorreihe von e^x berechnest, kannst du die Reihe in einen Realteil und einen Imaginärteil aufteilen.

$$e^{ix} = 1 + ix + \frac{(ix)^2}{2!} + \frac{(ix)^3}{3!} + \frac{(ix)^4}{4!} + \ldots$$

$$= 1 + ix - \frac{x^2}{2!} - i\frac{x^3}{3!} + \frac{x^4}{4!} + \ldots$$

$$= 1 - \frac{x^2}{2!} + \frac{x^4}{4!} \pm \ldots + ix - i\frac{x^3}{3!} \pm \ldots$$

Du siehst, dass der Realteil gerade die Taylorreihe von Kosinus ist und der Imaginärteil die von Sinus.

$$e^{ix} =$$

$$= \underbrace{1 - \frac{x^2}{2!} + \frac{x^4}{4!} \pm \ldots}_{\cos(x)} + i\underbrace{\left(x - \frac{x^3}{3!} \pm \ldots \right)}_{\sin(x)}$$

Damit ergibt sich die Euler'sche Formel.

$$e^{ix} = \cos(x) + i\sin(x)$$

Für den Spezialfall $x = \pi$ ergibt sich eine Gleichung, die in verschiedenen Abstimmungen als schönste Formel der Welt ausgewählt wurde. Sie verbindet die beiden wichtigsten mathematischen Konstanten e und π mit der Null, der Eins und der imaginären Einheit.

$$\boxed{e^{i\pi} + 1 = 0}$$

$$e = \lim_{n \to \infty} \left(1 + \frac{1}{n} \right)^n$$

$i = \sqrt{-1}$

π = Kreisumfang / Durchmesser

1: neutrales Element der Multiplikat.

0: neutrales Element der Addition

Die Euler'sche Formel bildet eine Brücke zwischen Analysis, Algebra und Geometrie und zudem einen wichtigen Eckstein bei dem Beweis, dass π transzendent ist, also keine Nullstelle eines Polynoms mit ganzzahligen Koeffizienten.

$$e^{i\pi} + 1 = 0$$

e : Analysis

i : Algebra

π : Geometrie

Übrigens weiß man ganz viel über die Zusammenhänge von π und e noch nicht.

Offene Frage:

Ist $\pi + e$ eine rationale Zahl?

Wie kannst du $e^{i\pi} + 1 = 0$ geometrisch verstehen?

Wir wollen die Gleichung anschaulich-geometrisch erklären. Die Erklärung kann zu einem Beweis ausgebaut werden.

$$e^{i\pi} + 1 = 0$$

Zunächst verwenden wir die Grenzwertformel von e^x, die auf der Definition von e beruht, und setzen $x = i\pi$.

$$e^x = \lim_{n \to \infty} \left(1 + \frac{x}{n}\right)^n$$

$$e^{i\pi} = \lim_{n \to \infty} \left(1 + \frac{i\pi}{n}\right)^n$$

Die komplexe Zahl in der Klammer ist eine Drehstreckung: eine Drehung um einen Winkel $\approx \pi/n$ (für große n ist $\tan(\pi/n) \approx \pi/n$) und eine Streckung um den Faktor $\sqrt{1 + (\pi/n)^2}$.

Um $(1 + i\pi/n)^n$ zu erhalten, führt man n derartige Drehstreckungen hintereinander aus (rechts ist $n = 10$), beginnend mit dem Dreieck ganz rechts in der Spirale. Es ergibt sich insgesamt eine Drehung um $\approx \pi = 180°$ und eine Streckung um $(\sqrt{1 + (\pi/n)^2})^n$.

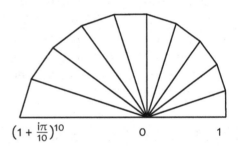

$$\left(1 + \frac{i\pi}{10}\right)^{10}$$

Man kann zeigen, dass sich für $n \to \infty$ nur eine Drehung um $\pi = 180°$ ergibt, dies bedeutet aber gerade eine Multiplikation mit -1.

Die Abweichung des Streckfaktors von 1 ist nur proportional zu $1/n^2$, bei n Streckungen und $n \to \infty$ wird der Gesamtstreckfaktor 1. Der Drehwinkel für große n ist $\approx \pi/n$, bei n Streckungen und $n \to \infty$ ergibt sich ein Gesamtwinkel π.

Somit ergibt sich die gesuchte Formel.

$$e^{i\pi} = \lim_{n \to \infty} \left(1 + \frac{i\pi}{n}\right)^n = -1 \quad \text{oder}$$

$$e^{i\pi} + 1 = 0$$

Wie kannst du spielerisch dein Können überprüfen?

Als Käufer:in dieses Buches kannst du kostenlos die „SN Flashcards"-App mit Fragen zu den Inhalten dieses Buchs nutzen.

Für die Nutzung gehst du wie folgt vor:

1. Gehe auf den Link rechts.

   `flashcards.springernature.com`

2. Erstelle dir ein Benutzerkonto, indem du deine E-Mail-Adresse angibst und ein Passwort vergibst.

3. Lade die kostenlose „SN Flashcards"-App von Google Play oder dem App Store auf dein Handy.

4. Verwende den Link rechts, um Zugang zu deinen SN Flashcards zu erhalten.

   `https://sn.pub/vm20WC`

5. Sollte der Link fehlen oder nicht funktionieren, sende bitte eine E-Mail mit dem Betreff „SN Flashcards" und dem Buchtitel an die E-Mail-Adresse rechts.

   `customerservice`
   `@springernature.com`

Viel Spaß mit den Flashcards!

Übersicht der Übersichten

© Der/die Autor(en), exklusiv lizenziert an Springer-Verlag GmbH, DE, ein Teil von
Springer Nature 2023
A. Gründers, *Mathe übersichtlich: Von den Basics bis zur Analysis*,
https://doi.org/10.1007/978-3-662-67184-9

Wenn du Begriffe oder Symbole suchst, schau hier!

A. Gründers, *Mathe übersichtlich: Von den Basics bis zur Analysis*,
https://doi.org/10.1007/978-3-662-67184-9

Printed in the United States
by Baker & Taylor Publisher Services